高等职业教育园林类专业系列教材

Photoshop CS6
辅助园林景观设计

第3版

PHOTOSHOP CS6 FUZHU YUANLIN JINGGUAN SHEJI

主　编　杨云霄

副主编　王　晓　林少妆
　　　　谭　璐　代彦满

重庆大学出版社

内容提要

　　本书是高等职业教育园林类专业系列教材之一,全书共分四大部分:Photoshop CS6 园林表现基础;Photoshop CS6 基本操作——制作园林景观要素基本模块;园林二维效果图实战;园林三维效果图实战。其中,第三和第四部分分别为园林二维和三维设计图形,完全由实际案例组成。园林二维效果图实战包括园林 PS 分析图制作、平面图效果图制作——制作单位平面效果图、立面图效果图制作和制作手绘平面彩图。园林三维效果图实战包括别墅环境效果图后期制作、园林鸟瞰效果图后期制作、园林景观效果图后期制作、城市街道景观效果图后期制作、古典园林效果图后期制作、庭院景观效果图后期制作、小区景观效果图后期制作、特殊效果图后期制作和手绘透视效果图制作。

　　本书内容新颖、案例覆盖全面、专业实例应用性强。全书共有近 50 个实例,涵盖园林效果图后期处理中的几乎全部类型。本书配备有数字资源和电子教案(扫描前言下方二维码查看,并在电脑上进入重庆大学出版社官网下载)。数字资源收录了书中所有实例的高分辨率素材和最终效果 PSD 文件。书中有 42 个操作视频,可扫码学习。

　　本书既可以作为高职学生的教材,也可以作为园林设计人员或图像编辑爱好者自学使用的参考书。

图书在版编目(CIP)数据

Photoshop CS6 辅助园林景观设计 / 杨云霄主编. --
3 版. -- 重庆:重庆大学出版社, 2022.9(2024.1 重印)
高等职业教育园林类专业系列教材
ISBN 978-7-5624-9717-2

Ⅰ.①P… Ⅱ.①杨… Ⅲ.①园林设计—景观设计—
计算机辅助设计—高等职业教育—教材　Ⅳ.
①TU986.2-39

中国版本图书馆 CIP 数据核字(2022)第 116980 号

Photoshop CS6 辅助园林景观设计
（第 3 版）
主　编　杨云霄
副主编　王　晓　林少妆　谭　璐　代彦满
策划编辑:何　明

责任编辑:何　明　　版式设计:莫　西　何　明
责任校对:邹　忌　　责任印制:赵　晟

*

重庆大学出版社出版发行
出版人:陈晓阳
社址:重庆市沙坪坝区大学城西路 21 号
邮编:401331
电话:(023) 88617190　88617185(中小学)
传真:(023) 88617186　88617166
网址:http://www.cqup.com.cn
邮箱:fxk@ cqup.com.cn(营销中心)
全国新华书店经销
重庆长虹印务有限公司印刷

*

开本:787mm×1092mm　1/16　印张:12　字数:300 千
2016 年 8 月第 1 版　2022 年 9 月第 3 版　2024 年 1 月第 8 次印刷
印数:22 001—27 000
ISBN 978-7-5624-9717-2　定价:59.00 元

编委会名单

主　任　江世宏

副主任　刘福智

编　委（按姓氏笔画为序）

卫　东	方大凤	王友国	王　强	宁妍妍
邓建平	代彦满	闫　妍	刘志然	刘　骏
刘　磊	朱明德	庄夏珍	宋　丹	吴业东
何会流	余　俊	陈力洲	陈大军	陈世昌
陈　宇	张少艾	张建林	张树宝	李　军
李　璟	李淑芹	陆柏松	肖雍琴	杨云霄
杨易昆	孟庆英	林墨飞	段明革	周初梅
周俊华	祝建华	赵静夫	赵九洲	段晓鹃
贾东坡	唐　建	唐祥宁	秦　琴	徐德秀
郭淑英	高玉艳	陶良如	黄红艳	黄　晖
彭章华	董　斌	鲁朝辉	曾端香	廖伟平
谭明权	潘冬梅			

编写人员名单

主　编　杨云霄　黑龙江农业工程职业学院

副主编　王　晓　湖北生态工程职业技术学院

　　　　林少妆　揭阳职业技术学院

　　　　谭　璐　成都农业科技职业学院

　　　　代彦满　三门峡职业技术学院

参　编　邹卫妍　苏州农业职业技术学院

　　　　秦微娜　黑龙江农业工程职业学院

总　序

　　改革开放以来,随着我国经济、社会的迅猛发展,对技能型人才特别是对高技能人才的需求在不断增加,促使我国高等教育的结构发生重大变化。据 2004 年统计数据显示,全国共有高校2 236 所,在校生人数已经超过 2 000 万,其中高等职业院校 1 047 所,其数目已远远超过普通本科院校的 684 所;2004 年全国招生人数为 447.34 万,其中高等职业院校招生 237.43 万,占全国高校招生人数的 53% 左右。可见,高等职业教育已占据了我国高等教育的"半壁江山"。近年来,高等职业教育逐渐成为社会关注的热点,特别是其人才培养目标。高等职业教育培养生产、建设、管理、服务第一线的高素质应用型技能人才和管理人才,强调以核心职业技能培养为中心,与普通高校的培养目标明显不同,这就要求高等职业教育要在教学内容和教学方法上进行大胆的探索和改革,在此基础上编写出版适合我国高等职业教育培养目标的系列配套教材已成为当务之急。

　　随着城市建设的发展,人们越来越重视环境,特别是环境的美化,园林建设已成为城市美化的一个重要组成部分。园林不仅在城市的景观方面发挥着重要功能,而且在生态和休闲方面也发挥着重要功能。城市园林的建设越来越受到人们重视,许多城市提出了要建设国际花园城市和生态园林城市的目标,加强了新城区的园林规划和老城区的绿地改造,促进了园林行业的蓬勃发展。与此相应,社会对园林类专业人才的需求也日益增加,特别是那些既懂得园林规划设计、又懂得园林工程施工,还能进行绿地养护的高技能人才成为园林行业的紧俏人才。为了满足各地城市建设发展对园林高技能人才的需要,全国的 1 000 多所高等职业院校中有相当一部分院校增设了园林类专业。而且,近几年的招生规模得到不断扩大,与园林行业的发展遥相呼应。但与此不相适应的是适合高等职业教育特色的园林类教材建设速度相对缓慢,与高职园林教育的迅速发展形成明显反差。因此,编写出版高等职业教育园林类专业系列教材显得极为迫切和必要。

　　通过对部分高等职业院校教学和教材的使用情况的了解,我们发现目前众多高等职业院校的园林类教材短缺,有些院校直接使用普通本科院校的教材,既不能满足高等职业教育培养目标的要求,也不能体现高等职业教育的特点。目前,高等职业教育园林类专业使用的教材较少,且就园林类专业而言,也只涉及部分课程,未能形成系列教材。重庆大学出版社在广泛调研的基础上,提出了出版一套高等职业教育园林类专业系列教材的计划,并得到了全国 20 多所高等职业院校的积极响应,60 多位园林专业的教师和行业代表出席了由重庆大学出版社组织的高等职业教育园林类专业教材编写研讨会。会议上代表们充分认识到出版高等职业教育园林类专业系列教材的必要性和迫切性,并对该套教材的定位、特色、编写思路和编写大纲进行了认真、深入的研讨,最后决定首批启动《园林植物》《园林植物栽培养护》《园林植物病虫害防治》《园林规划设计》《园林工程施工与管理》等20本教材的编写,分春、秋两季完成该套教材的出版工作。主编、副主编和参加编写的作者,由全国有关高等职业院校具有该门课程丰富教学经验的专家和一线教师,大多为"双师型"教师承担了各册教材的编写。

本套教材的编写是根据教育部对高等职业教育教材建设的要求,紧紧围绕以职业能力培养为核心设计的,包含了园林行业的基本技能、专业技能和综合技术应用能力三大能力模块所需要的各门课程。基本技能主要以专业基础课程作为支撑,包括有8门课程,可作为园林类专业必修的专业基础公共平台课程;专业技能主要以专业课程作为支撑,包括12门课程,各校可根据各自的培养方向和重点打包选用;综合技术应用能力主要以综合实训作为支撑,其中综合实训教材将作为本套教材的第二批启动编写。

本套教材的特点是教材内容紧密结合生产实际,理论基础重点突出实际技能所需要的内容,并与实训项目密切配合,同时也注重对当今发展迅速的先进技术的介绍和训练,具有较强的实用性、技术性和可操作性三大特点,具有明显的高职特色,可供培养从事园林规划设计、园林工程施工与管理、园林植物生产与养护、园林植物应用,以及园林企业经营管理等高级应用型人才的高等职业院校的园林技术、园林工程技术、观赏园艺等园林类相关专业和专业方向的学生使用。

本套教材课程设置齐全、实训配套,并配有电子教案,十分适合目前高等职业教育"弹性教学"的要求,方便各院校及时根据园林行业发展动向和企业的需求调整培养方向,并根据岗位核心能力的需要灵活构建课程体系和选用教材。

本套教材是根据园林行业不同岗位的核心能力设计的,其内容能够满足高职学生根据自己的专业方向参加相关岗位资格证书考试的要求,如花卉工、绿化工、园林工程施工员、园林工程预算员、插花员等,也可作为这些工种的培训教材。

高等职业教育方兴未艾。作为与普通高等教育不同类型的高等职业教育,培养目标已基本明确,我们在人才培养模式、教学内容和课程体系、教学方法与手段等诸多方面还要不断进行探索和改革,本套教材也将会随着高等职业教育教学改革的深入不断进行修订和完善。

编委会

2006 年 1 月

第3版前言

Photoshop 是 Adobe 公司推出的图像设计和编辑软件,它的功能强大、使用方便,广泛应用于广告设计、室内室外效果图后期制作、摄影、印刷、多媒体制作、影视编辑、网站设计等不同的领域,在图像处理领域处于领先地位。

本书结合作者的实际教学经验,以 Photoshop CS6 为工具,在案例的选取方面,注重针对性和实用性;在文字描述方面,力求精练、简明。全书以案例为主线、由浅入深地介绍 Photoshop 的知识点和操作技巧,配以精美的步骤详图,层层深入地讲解案例制作与设计理念,为读者抛砖引玉,开启一扇通往设计大师之门,感受 Photoshop 的强大功能以及它所带来的无限创意。

作为一本实践技能强,同时与理论结合紧密的专业技术教材,本书与其他书籍相比,具有以下特点:

(1)编写力量强 编写本书的老师都是从事教学工作的一线教师或专业设计工作人员,具有较丰富的教学经验和设计经验。

(2)案例覆盖全面 全书共有近50个实例,涵盖园林效果图后期处理中的几乎全部类型。内容上,在强化彩色平面图、建筑立面效果图、透视效果图、鸟瞰效果图、手绘平面彩图、手绘透视彩图等制作的基础之上,添加了园林 PS 分析图制作这个新内容,使整体更加丰富、实用。

(3)专业实例应用性强 本书中的案例全部为实际工作中的作品,处理和制作手法也完全为实际工作模式,具有技术实用、效果专业的特点,为读者提供了全面的设计范本,完全可以应用到实际工作中。

(4)内容全面、讲解详尽 本书是一本以案例为主的教材,以技术分析和理论讲解为铺垫,深入阐述了利用 Photoshop 进行园林表现的各种技术和方法,分门别类地对后期处理中常出现的园林效果图表现类型的制作方法进行了详尽的讲解。以手把手的方式介绍各种园林图像的表现技术,即使是 Photoshop 初学者也可以一步一步地制作出相应的效果,特别适合教学或自学使用。

(5)资源丰富、物超所值 为了方便学习,本书配备有数字资源,收录了书中所有实战的高分辨率素材和最终效果 PSD 文件。此外,本书还提供了大量后期处理素材,读者可以快速创建自己的素材库。编写过程中使用了 Photoshop CS6 版本,教学时也可采用 Photoshop CS2、CS3、CS4、CS5 等不同版本。本书还附赠 Photoshop 快捷键,让读者真正感受物超所值。本书还配有电子教案,可扫描前言下方二维码查看,并在电脑上进入重庆大学出版社官网下载。

(6)软件版本高 Photoshop CS6 是 Adobe 公司最新推出的优秀图形图像软件,不但功能强大,而且可操作性好,通过与 AutoCAD 和 3ds max 的紧密配合,可以制作出各种园林图像,模拟真实场景进行效果表现,备受园林设计师们的青睐。

（7）书中有 42 个操作视频,可扫书中二维码学习。

本书由杨云霄担任主编,负责全书的统稿工作,具体编写任务如下:前言、目录、附录、参考文献、数字资源,杨云霄;第 1 章,秦微娜、邹卫妍;2.1,2.2,秦微娜;2.3,王晓、林少妆、代彦满;2.4,2.5,2.6,代彦满、林少妆、邹卫妍;第 3 章,谭璐、王晓、秦微娜;第 4 章,实战 1—实战 6,杨云霄、代彦满、谭璐;第 4 章,实战 7—实战 8,杨云霄、王晓、邹卫妍。

由于编者水平有限,书中不妥之处在所难免,希望读者批评指正。

编　者
2022 年 8 月

目 录

基础知识篇

Photoshop CS6园林表现基础

1.1 Photoshop CS6 基础知识

1.1.1 Photoshop CS6 界面简介

运行 Photoshop CS6 软件,选择【文件】/【打开】命令,打开一张图片,即可看到 Photoshop 的工作界面,如图 1.1 所示。

图 1.1 Photoshop CS6 的工作界面

1)菜单栏

包含【文件】、【编辑】、【图像】、【图层】、【选择】、【滤镜】、【分析】、【3D】、【视图】、【窗口】、【帮助】共 11 个菜单,运行这些命令,可以完成 Photoshop 中的大部分操作。有的菜单命令右侧显示有快捷键,识记并使用,利于加快操作速度,提高工作效率。

2)工具箱

工具箱位于工作界面的左侧,其上有上百个工具,可完成绘制、编辑、观察、测量、文字等操作。有单列和双列两种显示模式。单击工具箱顶端的▶▶区域,便可在单列和双列两种模式之间切换。

3）工具选项栏

工具选项栏用于设置工具的选项。选择不同的工具,即会显示相应的工具选项,可进行参数设置,是工具功能的延伸与扩展,即能增加工具使用的灵活性,又可提高工作效率。

4）图像窗口

图像窗口是显示、绘制和编辑图像的操作区域,是标准的 Windows 窗口,可对其进行移动、调整大小、最大化、最小化和关闭等操作。其标题栏中,除了显示文档名称外,还显示图像的显示比例、色彩模式等信息。

5）状态栏

状态栏位于界面的底部,用于显示鼠标指针的位置以及与选择元素有关的提示信息,如当前文件的显示比例、文件大小、当前使用的工具等内容。

6）面板区

面板区是 Photoshop 的特色界面,共有21块之多,默认位于工作界面的右侧。可自由拆分、组合和移动。通过面板,可对图层、通道、路径、历史记录、动作等进行操作和控制。

> **说明:**Photoshop CS6 界面有4种颜色方案,选择【编辑】/【首选项】/【界面】命令,在"首选项"对话框中可进行选择。也可使用快捷键在这4种颜色方案中切换,【Alt + F1】和【Alt + F2】复合键,可分别调暗、调亮工作界面。

1.1.2 图像处理基础

1）图像形式、格式和模式

（1）图像的形式

①光栅图像   即位图图像。把图片分成若干个小方块,每个小方块是一个像素。比如图片的分辨率是 800×600 像素,就说明这张图片的长是 800 个像素,宽是 600 个像素。图像逼真,能轻松表现人眼观察的颜色数量。

②矢量图像   是由数学上相关的两个点或更多的点定义。最大的特点是无论图片大小如何变化,它的清晰度都不变,保持光滑无锯齿。但在色彩表现上不如光栅图像。

（2）图像的格式   指图像的存储格式。Photoshop 的存储格式很多,并且每一种的用处都不相同。

①PSD 格式   Photoshop 默认存储格式,图像清晰度高,能保留图片的修改过程,能存储图层、通道、路径的记录,便于后续操作。

②BMP 格式   位图文件,是 Microsoft 公司开发的一种交换存储方式,可以处理 24 位颜色的图像,保真度、清晰度均非常高。缺点是压缩功能不强,通常容量都很大。

③GIF 格式   支持 256 种彩色和灰度图像,支持多平台,文件容量小,适合网络传输。大多是动画文件。因为容量小,清晰度不高,颜色无法达到真彩色,所以在表现效果图表现上很少运用。

④EPS 格式   由 Adobe 公司开发,大多用于印刷软件和绘图程序中,支持多平台。是输出

设备与应用软件之间传送图像信息的标准格式,传送的图片质量高。

⑤JPG 格式　有损失压缩,压缩比例很大,为 5:1 ~ 15:1,文件容量小,兼容性好,可跨平台操作。和 GIF 格式一样多被应用于网络。不同的是 JPG 格式不能保存动画,但显示的颜色比 GIF 格式多,接近照片效果,在对文件质量要求不高的情况下很实用。

⑥PDF 格式　也是由 Adobe 公司开发,更多支持文本格式,常用于排版印刷、制作教程等方面。

⑦TGA 格式　可把图像以不同的色彩数量(32 位、24 位、16 位)存储,自动生成黑白通道,使图像选取方便,是渲染图中常见的存储模式。

⑧TIF 格式　在印刷和作图软件中非常普及。支持多平台和多种压缩算法,数据存储和交换能力强。

(3)图像的模式　把色彩分解成部分颜色组件,对颜色组件不同的分类形成不同的色彩。色彩模式不同颜色的定义范围就不同,同时还会影响图像的通道数目和文件大小。主要有以下几种:

①位图模式　1 位深度的图像模式,只有黑、白两色。普通颜色模式下不可选择,由扫描或置入黑色矢量线条生成图像,或由灰度或双色调模式转换而成。存储空间小,但色调单一,无过渡色,一般不使用这种模式制图。

②灰度模式　8 位深度的图像模式。像素取值范围为 0 ~ 255,在全黑和全白之间插有 254 个灰度等级的颜色来描绘灰度模式的图像。所有模式的图像都能转换成灰度模式,Photoshop 几乎所有功能都支持它。选择了灰度模式,彩色信息就全部丢失,再选回来也无法恢复。所以,选择灰度模式要慎重。

③RGB 颜色模式　24 位深度,数码图像中最重要的模式。用 R(红)、G(绿)、B(蓝)为基础色,调配其他颜色时通过基色相加合成。当 R、G、B 均达到最大值时,三色合成白色。

共有 3 个 8 位深度的通道,3 个通道合成一起可生成 1677 万种颜色,称为“真彩色”,所有颜色均通过这 3 种颜色合成。通常在这种模式下制作效果图。Photoshop 的全部功能都支持 RGB 模式。

④CMYK 颜色模式　印刷色模式。以 C(青)、M(品红)、Y(黄)和 K(黑)4 种打印色为基础色,调配其他颜色时通过基色相减合成。当 C、M、Y 三值达到最大值时,理论上为黑色,但实际上因颜料关系呈深褐色。为弥补这个问题,加进黑色,使 CMYK 模式共有 4 个通道。由此,对于同一个图像文件来说,CMYK 模式比 RGB 模式的信息量大 1/4。但 RGB 模式的色域范围比 CMYK 模式的大。

CMY 和 RGB 为互补色(C-青色:由 G-绿色和 B-蓝色合成,没有 R-红色成分;M-洋红:由 R-红色和 B-蓝色合成,没有 G-绿色成分;Y-黄色:由 R-绿色和 G-红色合成,没有 B-蓝色成分)。

通常制作完图像需要印刷时,必须把图像颜色模式改为 CMYK 颜色模式,否则打印出来会有色差。CMYK 模式不能转换为索引模式。Photoshop 的大部分功能不支持 CMYK 模式。

⑤Lab 模式　24 位深度的图像模式,具有 3 个通道。L 是亮度通道,a 和 b 为色彩通道。特点:色域范围最广,Lab > RGB > CMYK;此模式下的图像独立于设备之外,颜色不会因不同的印刷设备、显示器和操作平台而改变。因此,当 Photoshop 在 RGB 模式和 CMYK 模式互相转换时,它将成为中间模式,不丢失颜色。

Lab 模式不能转换为索引模式。Photoshop 的大部分功能不支持 Lab 模式。

⑥双色调模式　不是单个的图像模式,是一个分类。它仅仅是单色调、双色调、三色调和四

色调的统称。只有一个通道,和位图模式一样,只有灰度模式才能转换。

⑦索引颜色模式　8位深度模式,最多只能拥有256种颜色。至关重要的是每一幅图像都拥有一张颜色表,图像不同,颜色表也不同;信息量小,可制成透明图像和动画,广泛应用于网页制作。

转换时,只有灰度和RGB模式不能转换成索引颜色模式。Photoshop完全不支持索引颜色模式。

⑧多通道模式　把含有通道的图像分割成单个的通道。CMYK模式转换为多通道模式时,生成的通道为青、洋红、黄和黑色4个通道;Lab模式转换为多通道模式时,生成3个Alpha通道。

⑨8位/通道和16位/通道　在灰度、RGB和CMYK模式下可用每个通道16位深度来取代8位深度。每个通道的颜色数从256色剧增到65 536色,可生成更好的颜色细节。目前,由于设备的不支持,16位/通道的图像不能被打印或印刷。

2)分辨率与图像尺寸

计算机中点阵图的精细程度主要受分辨率的影响。分辨率是指图像单位长度中像素的多少,例如:800×600 dpi,1 280×1 024 dpi,经常接触到的分辨率概念有以下几种。

(1)屏幕分辨率　屏幕分辨率是指计算机屏幕上的显示精度,由显卡和显示器共同决定。一般以水平与垂直方向像素数值反映,如800×600 dpi表示水平方向的像素值是800 dpi,垂直方向的像素值为600 dpi。

(2)打印分辨率　打印分辨率又称打印精度,由打印机的品质决定。一般以打印图纸上单位长度墨点多少来反映,单位为dpi,例如:600×600 dpi(也可以只注明为600 dpi),1 440×720 dpi等。打印分辨率越高,打印喷墨点越精细。表现在打印图纸上,即为直线更挺,斜线锯齿更小,色彩更流畅。

(3)图像的输出分辨率　图像的输出分辨率与打印分辨率、屏幕分辨率无关。与图像自身包含像素的数量和要求输出图幅的大小有关,一般以水平或垂直方向上单位长度像素值反映,单位为ppi或ppc。

例如:在3ds MAX中按照3 400×2 475 dpi渲染的图形文件,其数据尺寸为3 400×2 475,如果按照A4图幅输出,其图像输出分辨率可达290 ppi;如果按照A2图幅输出,图像输出分辨率则为145 ppi。

反之,如果要求输出分辨率150 ppi以上,图幅大小A4时,图像文件的数据尺寸应该达到1 754×1 235 dpi;图幅大小要求A2时,图像文件的数据尺寸应达到3 526×2 481 dpi以上。

计算公式为输出分辨率×图幅大小(宽或高)=图像文件的数据尺寸(对应的宽或高)。

可见,随着输出分辨率的提高,图像文件的数据尺寸也会相应增大,给运算和存储增加了负担。因此,应当选择合适的输出分辨率,不是越高越好。

一般来说,打印精度为600 dpi的喷墨打印机,图像的输出分辨率达到100 ppi时,人眼已无法辨别精度。打印精度为720 dpi或1 440 dpi时,图像的输出分辨率达到150 ppi即足够。另外,图幅过大(如A0)或过小(如B5)时,由于人观看距离的变化和人眼视觉感受的调整,图像输出分辨率也可相应降低。但是,对于打印精度非常高的精美印刷排版而言,一般都要求图像的输出分辨率达到300 ppi以上。

1.1.3　Photoshop **的优化**

Photoshop 是一个"高消耗"的大型软件,并且一般的建筑图像分辨率都非常高,要想高速、稳定地运行,必须掌握一些优化技巧。

1）**字体与插件优化**

字体按照字型不同,有宋体、黑体、楷体、隶书等,按照字体厂商不同,有方正、汉仪、文鼎等。

由于 Photoshop 启动时需要载入字体列表,生成预览图,如果系统安装的字体多,启动速度就会慢,启动后所占内存多。因此,要想提高运行效率,无用或较少使用的字体应及时删除。除字体外,安装过多的第三方插件,也会降低运行效率。对于不常用的,可将其移至其他目录,需要时再移回。

2）**暂存盘优化**

暂存盘和虚拟内存相似,它们之间的主要区别在于:暂存盘受 Photoshop 控制而不是受操作系统控制。有些情况,更大的暂存盘是必须的,当 Photoshop 用完内存时,会使用暂存盘作为虚拟内存;当 Photoshop 处于非工作状态时,它会将内存中所有的内容复制到暂存盘上。

另外,Photoshop 必须保留许多图像数据,如还原操作、历史信息和剪贴板等。因为它是使用暂存盘作为另外的内存,所以应正确理解暂存盘对于 Photoshop 的重要性。

选择【编辑】/【首选项】/【性能】命令,在对话框中可设置多个磁盘作为暂存盘,如图 1.2 所示。

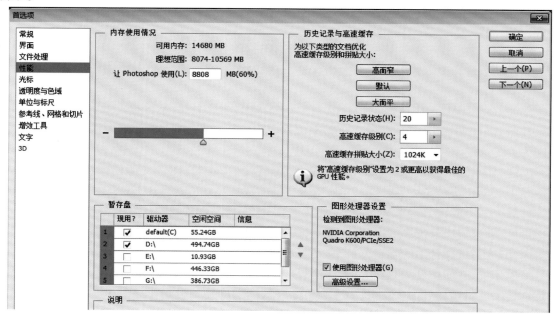

图 1.2　设置暂存盘

提示:如果暂存盘的可用空间不够,Photoshop 就无法处理和打开图像,因此,应设置剩余空间较大的磁盘作为暂存盘。

3）后台保存和自动保存

Photoshop CS6 新增了自动恢复功能,可避免丢失文件的编辑成果。

选择【编辑】/【首选项】/【文件处理】命令,在打开的对话框中"文件存储选项"参数组中勾选【后台存储】和【自动存储恢复信息时间间隔】复选框,并设置自动存储时间,如图1.3所示,系统会每隔一段时间存储当前的工作内容,将其备份到名称为"PSAutoRecover"的文件夹中。

当文件正常关闭时,系统会自动删除备份文件;非正常关闭时,重新运行 Photoshop 时会自动打开并恢复该文件。

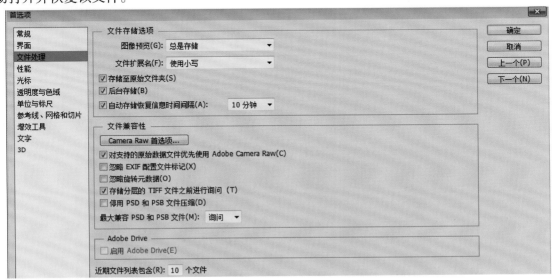

图1.3　设置自动存储时间

提示:自动恢复选项在后台工作,因此,存储内容时不会影响正常工作。

1.1.4　Photoshop CS6 的新增功能

Photoshop CS6 的新功能,使软件更实用、更简单、更方便。

(1)全新的裁剪功能　全新的非破坏性裁剪工具可以快速精确地裁剪图像,在画布上能够控制图像,如图1.4所示。

(2)图层搜索　可以通过类型、名称、效果、模式、属性和颜色,使用新的图层搜索工具对图层进行搜索排序,如图1.5所示。

(3)内容感知移动　【内容感知移动】工具 ⚒ 能整体移动图片中被选中的物体,智能地填充该物体原来的位置,如图1.6所示。

(4)内置笔刷丰富　Photoshop CS6 内置的笔刷更丰富,不须再下载笔刷,如图1.7所示。

(5)自动保存文件　Photoshop CS6 带有自动保存功能,再也不用担心异常关闭产生的文件丢失,如图1.8所示。

图 1.4　全新的裁剪功能

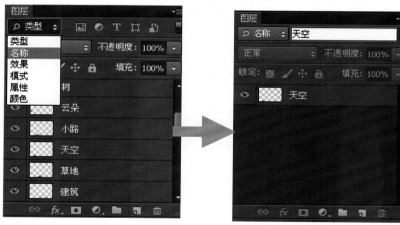

图 1.5　图层搜索功能

图 1.6　内容感知移动

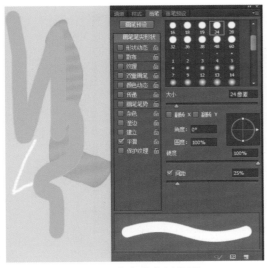 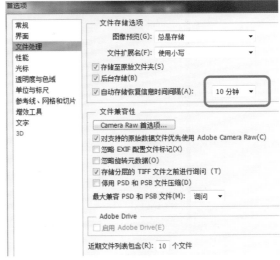

图 1.7　丰富的内置笔刷　　　　　　　图 1.8　自动保存文件功能

　　(6)油画滤镜　使用 Mercury 图形引擎支持的油画滤镜,快速地使作品呈现出油画效果,如图 1.9 所示。

　　同进借助液化、操控变形和裁剪等主要工具进行编辑时,能够即时查看效果。全新的 Adobe Mercury 图形引擎,拥有前所未有的响应速度,工作起来如行云流水般流畅。

图 1.9　油画滤镜效果

　　说明:Photoshop CS6 还有许多新增功能,需要在实际操作过程中逐渐体会,在此不一一列举。

1.2　Photoshop 在园林表现中的应用

1.2.1　园林 PS 分析图

　　使用 Photoshop 在园林图中作交通分析、景观分析等,这类图形我们视为园林 PS 分析图,如图 1.10 所示。

　　这种类型分析图的画法有两种:

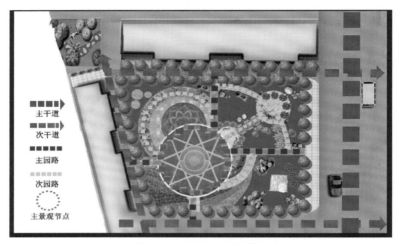

图 1.10　园林 PS 分析图

①在 CAD 中画好后,导入 PS 中处理,这个比较简便。

②直接在 PS 中做:即画虚线或虚线圆。

本书只讨论后者。

1.2.2　彩色总平面图

总平面图是指将新建工程四周一定范围内的新建、拟建、原有和拆除的建筑物、构筑物及周围的地形、地物等,用直接正投影和相应的图例画出的图样。一般使用 AutoCAD 软件画出,主要用来展示大型规划设计方案,如图 1.11 所示。由于使用了大量的建筑专业图例符号,非建筑专业人员一般难以看懂。

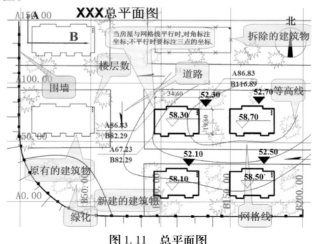

图 1.11　总平面图

但如果在 Photoshop 中进行填色,引入真实的草地、水面、树木、水等图形模块,便使深奥、晦涩的图形变得形象、生动、浅显易懂,形成彩色总平面图(也称为二维渲染图),则可以大大方便设计师和客户之间的交流,如图 1.12 所示。

这样在整个工程开工之前,毫无建筑理论知识的购房者,也可以了解整个住宅小区的概貌和规划,并从中挑选自己满意的位置和户型。

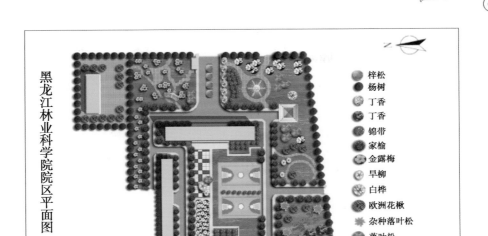

图 1.12　彩色平面图

1.2.3　景观立面效果图

　　与总平面图不同,建筑立面图主要用以表现一幢或某几幢建筑的正面、背面或侧面的建筑结构和效果。传统的建筑立面图都是以单一的颜色填充为主要手段,今天的建筑设计师们已经不再满足于那种简单生硬的表达方式了。

　　与总平面制作类似,制作建筑立面图首先在 AutoCAD 中绘制立面线框图,然后打印输出得到如图 1.13 所示的二维图像,接着使用 Photoshop 填充颜色、砖墙图案,制作投影,添加树木、天空、地面、人物等各类配景,最终效果如图 1.14 所示。

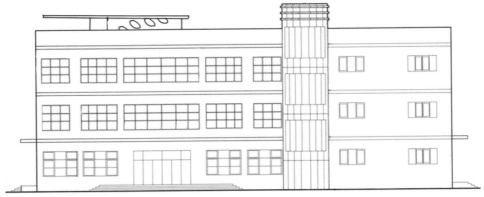

图 1.13　建筑 CAD 二维图形

　　建筑立面图可以生动、形象地表现建筑的立面效果,其特点是制作快速、效果逼真,而不必像建筑透视效果图一样必须经过 3ds MAX 建模、材质编辑、设置灯光、渲染输出等一系列烦琐的操作步骤和过程。

图1.14　建筑立面效果图

1.2.4　建筑透视效果图

建筑透视效果图又称电脑建筑效果图,是当前最常用的建筑表现方式之一。建筑效果图分为两种:一种是表现建筑外观的室外效果图,如图 1.15 所示;另一种是表现室内装饰装潢效果的室内效果图,如图 1.16 所示。

图1.15　室外透视效果图

图1.16　室内透视效果图

制作建筑透视效果图时,需要 AutoCAD +3ds MAX + Photoshop 几个软件的配合使用。

Auto CAD 精于二维绘图,对二维图形的创建、修改、编辑较 3ds MAX 更为简单直接。因而可以使用 Auto CAD 创建精确的二维图形,再输入 3ds MAX 中进行编辑修改,从而快速、准确地创建三维模型。

3ds MAX 是近年来出现在微机平台上最优秀的三维动画软件,具有强大的三维建模、材质编辑和动画制作功能。在创建所需的建筑模型后,可以渲染得到任意角度的建筑透视效果图。

Photoshop 主要负责建筑效果图的后期处理。众所周知,任何一幢建筑都不是孤立存在的,但在处理环境氛围与配景时 3ds MAX 就显得有些力不从心,而这恰恰是 Photoshop 等平面处理软件的强项。对建筑图像进行颜色和色调上的调整,加入天空、植物、人物等配景,最终得到一幅生动逼真的建筑效果图。

1.2.5　规划鸟瞰效果图

　　鸟瞰效果图,是用高视点透视法从高处某一点俯视地面起伏绘制成的立体图。从高处鸟瞰制图区,比平面图更有真实感。视线与水平线有一俯角,图上各要素一般都根据透视投影规则来描绘,特点为近大远小,近明远暗。体现一个或多个物体的形状、结构、空间、材质、色彩、环境以及物体间各种关系的图片,如图 1.17 所示。

图 1.17　规划鸟瞰效果图

　　Photoshop 主要负责对 3ds MAX 创建的规划鸟瞰模型进行后期处理,从而制作出形象、逼真的效果。

2 Photoshop CS6基本操作
——制作园林景观基本模块

2.1　图层

图像的编辑操作均通过图层完成,使用图层会使修改方便、操作简化,编辑更具弹性。

2.1.1　图层面板

【图层】面板是编辑图像的基础,每个图像元素均可作为单独的图层存在,调板中的图可比作堆叠在一起的透明纸,透过透明区域可看到其下面的内容。执行【窗口】/【图层】命令(快捷键 F7),即可显示【图层】面板,如图 2.1 所示。面板中的按钮名称及功能如表 2.1 所示。

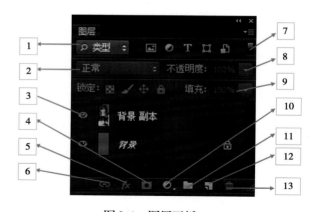

图 2.1　图层面板

表 2.1　面板中的按钮名称及功能

序号	图标	名称	功能
1	无	选取滤镜类型	根据不同的图层类型搜索图层
2	无	图层混合模式	选择不同的图层混合模式,决定这一图像与其他图层叠合在一起的效果
3	👁	指示图层可见性	单击可以显示或隐藏图层
4	▣	添加图层蒙版	单击该按钮可以创建一个图层蒙版,用来修改图层内容
5	fx	添加图层样式	单击该按钮,在下拉列表中选择一种图层效果,用于当前所选图层
6	🔗	链接图层	选择两个或两个以上的图层,激活此图标,单击即可链接所选中的图层

序号	图标	名称	功能
7		图层过滤功能开关	用来打开或关闭图层过滤功能
8	无	图层总体不透明度	用于设置每一个图层的全部不透明度
9	无	图层内部不透明度	用于设置每一个图层的填充不透明度
10		创建新填充或调整层	单击该按钮,在下拉列表中选择一个填充图层或调整图层
11		创建新组	单击该按钮可以创建一个新图层组
12		创建新图层	单击该按钮可以创建一个新图层
13		删除所选图层	单击该按钮可将当前所选图层删除

2.1.2　图层操作

1)图层基本操作

（1）创建与设置图层　单击【图层】面板底部的【创建新建图层】按钮█,即可创建空白的普通图层。

图层多的时候,可通过设置图层的显示颜色来区分图像。对于现有的图层,可选择【图层】面板关联菜单中的【图层属性】命令,设置当前图层的显示颜色,操作方法如图2.2所示。

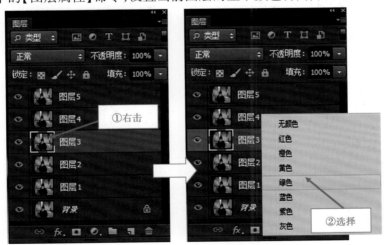

图2.2　设置图层颜色的操作方法

（2）选择图层与调整图层顺序　在【图层】面板中单击即可选择图层,只有选择了图层才能选中图层中的图像。编辑多个图层时,上面图层的不透明区域覆盖下面图层的图像内容。要显示覆盖的内容,就要调整图层顺序。

方法1　选择图层,执行【图层】/【排列】/【前移一层】命令(快捷键 Ctrl +]),该图层即可上移一层;执行【后移一层】命令(快捷键 Ctrl + [),该图层即可下移一层。

方法2　选择图层,拖动鼠标到目标图层上方或下方,然后释放鼠标即可。

(3)复制和删除图层　复制图层,可加强图像效果、保护源图像。操作方法:

方法 1　选择图层,执行【图层】/【复制图层】命令,输入名称,单击【确定】即可;

方法 2　选择图层,用鼠标拖动该图层到【创建新图层】按钮🗂上;

方法 3　选择【移动工具】▸╋,按住【Alt】键并拖动图像。

删除图层,可减小文件。选择图层,单击【删除图层】按钮🗑或将图层拖至该按钮上即可。

(4)锁定图层　编辑图像时,可根据需要锁定图层的透明区域,使图像的像素和位置不会因编辑操作而被修改。要锁定图层的功能,在【图层】调板上单击相应的按钮即可。图层调板按钮如图2.3所示。面板中的按钮名称及功能如表2.2所示。

图 2.3　图层调板按钮

表 2.2　面板中的按钮名称及功能

锁定全部🔒	可锁定图层所有属性。除图像复制并放入图层组以外,其他编辑操作均不能应用到锁定的图像上
锁定位置✛	单击该按钮,可防止图层被移动
锁定图像像素✏	单击该按钮,无法对图层中的像素进行修改,包括绘图工具绘制、色调调整命令等
锁定透明像素▦	单击该按钮后,可将编辑范围限制在图层的不透明部分

(5)链接图层　需要同时对多个图层进行变换操作,例如移动、旋转、缩放时,按住【Ctrl】键单击【图层】面板中需要变换的图层,将它们选择之后单击【图层】面板下方的【链接图层】按钮🔗即可。

2)灵活运用图层组

图层组功能可以更容易地对多个图层进行编组,相对于链接图层更方便、更快捷。

单击【图层】面板中的【创建新组】按钮🗀,即可新建图层组。再创建的图层就会在组中。选择多个图层,执行【图层】面板菜单中的【图层编组】命令(快捷键 Ctrl + G),可将选择的图层放入同一组内。

还可以将当前的图层组嵌套在其他图层组内,嵌套结构最多为10级,选中图层组中的图层,单击【创建新组】按钮🗀,即可在图层组中创建新组。

设置该图层组的【不透明度】选项,就可以同时控制该图层组中所有图层的不透明度显示。

删除图层组,把图层组拖动至【删除图层】按钮🗑上即可;如果要保留图层,仅删除组,可在

选择图层组后,单击【删除图层】按钮🗑,在弹出的对话框中单击【仅组】按钮。

3)图层搜索功能

在【图层】面板的顶部,使用新的过滤选项可在复杂的文档中找到关键层,显示基于类型、名称、效果、模式、属性或颜色标签的图层子集,快速锁定所需图层。图层过滤选项如表2.3所示。

表2.3　图层过滤选项

类型搜索	用于搜索像素图层滤镜、调整图层滤镜、文字图层滤镜、形状图层滤镜、智能对象滤镜等类型
名称搜索	选择【名称搜索】选项,在其后面输入要搜索的图层名称即可
效果搜索	主要搜索图层的斜面和浮雕、描边、内阴影、内发光、光泽、叠加、外发光、投影等效果
模式搜索	搜索图层的混合模式,例如柔光模式,方法:选择【模式】选项,在后面的选项列表中选择【柔光】选项即可
属性搜索	搜索图层可见、锁定、空、链接的、已剪切、图层蒙版、矢量蒙版、图层效果、高级混合等属性
颜色搜索	搜索图层的颜色,包括无、红色、橙色、黄色、绿色、蓝色、紫色、灰色等颜色

4)图层合并与盖印

图像越复杂,图层越多,不仅使文件过大,同时存储和携带也不方便。此时,可进行图层合并。

(1)向下合并图层　执行【图层】/【向下合并】命令(快捷键 Ctrl + E),合并相邻两个图层或组。

(2)合并可见图层　执行【图层】/【合并可见图层】命令(快捷键 Ctrl + Shift + E),合并隐藏图层以外的所有图层。

(3)拼合图像　将所有显示的图层合并为【背景】层。

(4)盖印图层　选择多个图层,按【Ctrl + Alt + E】快捷键,将图层盖印。Photoshop 将保留原图层信息,创建一个包含合并内容的新图层。

选择一个可见图层,按【Ctrl + Shift + Alt + E】快捷键,即可将所有可见图层盖印至一个新建图层中。

2.1.3　智能图层

智能对象是包含栅格或矢量文件(如 Photoshop 或 lllustrator 文件)中的图像数据图层,即在对智能对象进行了其他编辑操作后,还可以保留图像的源内容及其所有的原始特性,不会对图层内容造成破坏。

普通图层转换为智能图层的操作方法如图2.4所示。

编辑位图图像时,执行旋转、缩放等操作容易产生锯齿或图像模糊等现象。如果操作前,将图像创建为智能对象,那么就可以保持图像的原始信息。

注意: 在 Photoshop 中,有些命令不能应用于智能对象图层中,例如透视和扭曲等命令。

将智能图层复制多份,将副本图层放置在画布左侧,然后成比例缩小排列,如图2.5所示。

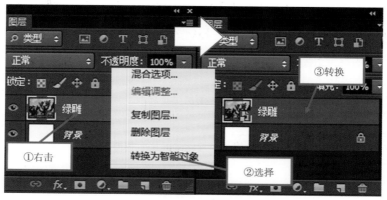

图2.4　普通图层转换为智能图层

图2.5　复制智能图层成比例缩小后排列于画布左侧

　　双击"绿雕"图层缩览图,在打开的文档中,通过【色相/饱和度】命令改变智能对象的颜色,如图2.6所示。这时保存该文档中的图像,返回智能对象所在文档,则源智能对象更改后,所有副本均得到了更新,如图2.7所示。

图2.6　改变智能对象的颜色

图2.7　所有副本均得到了更新

　　提示:由于复制的智能对象与源智能对象保持链接,因此修改源智能对象后,副本也会更新;同样,对副本编辑后,源智能对象也随之更新。

智能对象很灵活,将图层转换为智能对象时,可执行【图层】/【智能对象】/【替换内容】命令,在弹出的【置入】对话框(图2.8)中选择将要替换的图像文件。这时,用新的图片替代源图片,即可更换智能对象,替换智能对象内容时,其链接的副本智能图层中的内容同时被替换,如图2.9所示。

导出文件可执行【图层】/【智能对象】/【导出内容】命令,在打开的【存储】对话框中选择将要保存的图像文件即可。

图2.8 【置入】对话框

图2.9 智能图层内容被更换

2.1.4 图层混合模式

图层混合模式能创造出精彩的图像合成效果,此功能分布在各面板中,决定当前图层与下一图层颜色的合成方式。

1)混合模式概述

(1)混合模式 像素之间的混合。若像素值发生改变,便呈现不同的颜色外观,创建各种特殊效果。

(2)基色、混合色与结果色 基色是混合之前位于原处的色彩或图像;混合色是被溶解于基色或是图像之上的色彩或图像;结果色是混合后得到的颜色。如画家在画布上绘画,画布的颜色是基色,在颜料盒中选取的颜色是混合色,使用混合色在画布上涂抹产生的颜色就是结果色。再次选择颜色涂抹时,画布上现有的颜色就是基色,在颜色盒中选取的颜色就是混合色,再次在画布上涂抹生成的颜色就是结果色。

说明:在 Photoshop 中画布就是新建的文档,文档的颜色就是基色,混合色为选取的前景色,结果色为使用画笔在文档中涂抹呈现的效果。

(3)混合模式的3种图层类型

①同源图层 复制"背景"图层而来的"背景副本"图层称为"背景"图层的同源图层。

②异源图层 从外面拖入的图层,称为"背景"图层的异源图层。

③灰色图层 通过添加滤镜得到的图层,这种整个图层只有一种颜色的图层称为灰色图层。

2）组合模式

组合模式包括【正常】和【溶解】选项,两种模式的效果都不依赖其他图层,"正常"模式属于每个图层的默认模式;"溶解"模式出现的噪点效果是本身形成,与其他图层无关。

(1)【正常】模型的作用原理　用一种颜色覆盖原有颜色。用混合色替换基色成为结果色。实际应用中通常用一个图层的一部分遮盖下面的图层。

(2)【溶解】模型的作用原理　同底层的原始颜色交替,创建一种类似扩散抖动的效果,效果随机生成。

◆说明:"溶解"模式好比在白纸上撒上厚厚的一层沙子,当沙子的密度变小时,可以看到底层的白纸,类似于在白纸上添加了一种纹理效果。

3）加深模式

图像变暗的模式。两张图像叠加,选择图像中最黑的颜色显示在结果色中。主要包括"变暗""正片叠底""颜色加深""线性加深"和"深色"模式。

4）减淡模式

使黑色完全消失,任何比黑色亮的区域都可能加亮下面的图像。主要包括"变亮""滤色""颜色减淡""线性减淡"和"浅色"模式。

5）对比模式

综合了加深和减淡模式的特点,混合时50%的灰色完全消失,任何高于50%灰色的区域都可能加亮下面的图像;低于50%灰色的区域都可能使底层图像变暗,从而增加图像的对比度。主要包括"叠加""柔光""强光""亮光""线性光""点光"和"实线混合"模式。

6）比较模式

将上层和下面的图像进行比较,寻找二者中完全相同的区域,相同的区域显示黑色,不同的区域显示灰度层次或彩色。主要包括"差值"和"排除"模式。

7）色彩模式

将上面图层中的一种或两种特性应用到下面的图像中,产生最终效果。主要包括"色相""饱和度""颜色"和"明度"模式。

2.1.5　图层样式

1）图层样式的基本操作

为图层添加样式后,可对其进行操作,如修改、复制、清除、缩放样式等,以实现最终效果。

(1)自定义图层样式　将设置好的样式添加到【样式】面板中,以便重复使用。方法是:单击【图层】/【图层样式】,选择菜单中的任一项命令,在打开的【图层样式】对话框中单击【新建样式】按钮,设置样式名称,单击【确定】按钮,在【样式】面板中就可以查看到自定义的样式,如图2.10所示。

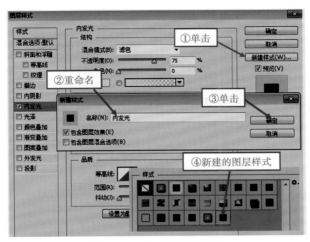

图2.10 自定义图层样式

> **技巧**：单击【样式】面板右上角的小三角按钮，在弹出的关联菜单中，既可以选择样式效果显示的方式，也可以载入 Photoshop 自带的样式，还可以通过【载入样式】命令，载入外部样式。

（2）复制与转移图层样式 按住【Alt】键，将一个图层样式拖动到另一个图层中即可复制；拖动图层样式到另一个图层中即可转移。

（3）缩放样式效果 使用图层样式时，有些样式可能已针对目标分辨率和指定大小的特写进行过微调，因此，就有可能产生应用样式结果与样本效果不一致的现象。此时，选择缩小图像所在图层，执行【图层】/【图层样式】/【缩放效果】命令，在弹出的【缩放图层效果】对话框中，设置合适的样式缩放比例即可，如图2.11所示。

图2.11 缩放样式效果

2）混合选项

用来控制图层填充的不透明度以及当前图层与其他图层的像素混合效果。双击图层，打开【图层样式】面板，显示混合选项的设置区域。【常规混合】选项包括【混合模式】和【不透明度】两项；【高级混合】选项包括【填充不透明度】、【通道】和【挖空】3项。下面只对【高级混合】选项组予以说明。

（1）填充不透明度 【填充不透明度】选项影响图层像素或形状，对图层样式和混合模式不起作用。该选项可以隐藏图像的同时依然显示图层效果，从而创建出隐形的投影或透明浮雕效果，如图2.12所示。

（2）通道 【通道】选项用在混合图层或图层组时，将混合效果限制在指定的通道内，未被选择的通道被排除在混合之外。比如白色的窗花图层与黑色背景图层的混合效果，每禁用一个

通道,都会生成其颜色的相反色调,如图 2.13 所示。

 填充不透明度100% 填充不透明度50% 填充不透明度20% 填充不透明度0%

图 2.12 不同的填充不透明度效果

 启用所有通道   禁用红色通道   禁用绿色通道   禁用蓝色通道

图 2.13 通道效果

  (3)挖空 【挖空】选项决定了目标图层及其图层效果是如何穿透图层或图层组以显示其下面图层的。【挖空】包括【无】、【浅】和【深】3 种方式,分别用来设置当前层挖空以及显示下面层内容的方式。

> **说明:**如果没有背景层,那么挖空将一直到透明区域。另外,如果希望创建挖空效果,需要降低图层的填充不透明度,或是改变混合模式,否则图层挖空效果将不可见。

3)投影和内阴影

  制作逼真的阴影效果,并对阴影的颜色、大小及清晰度进行精确控制,使物体富有空间感。

  (1)投影效果 为图像添加投影样式,使图像具有层次感,在图层内容的后面添加阴影。

  (2)内阴影效果 在紧靠图层内容的边缘内添加阴影,使图层具有凹陷的外观。如增加【杂色】选项参数,还可创建出模仿点绘效果的图像。

4)外发光和内发光

  模仿发光效果的图层样式,可在图像外侧或内侧添加单色或渐变发光效果。

  (1)外发光效果 让物体边缘出现光晕,使物体更加鲜亮。背景尽量选择深色图像,以使发光效果明显。

  【等高线】选项可决定物体的材质,控制凹陷、凸起和图像侧面的光线变化,获得效果丰富的发光样式。

  (2)内发光效果 与外发光基本相同,但多了针对发光源的选择,即由图像内部向边缘发光和由图像边缘向内部发光两种。强弱通过调节【不透明度】选项实现,默认值是 75%,所以其效果不是最强的。

5）斜面和浮雕

为图像和文字制作真实的立体效果,通过为图像添加高光与暗部来实现。

（1）样式　【样式】选项可为图像添加立体效果。包括5种：

①外斜面：在图像外边缘创建斜面效果；

②内斜面：在图像内边缘创建斜面效果；

③浮雕效果：创建使图像相对于下层图像凸起的效果；

④枕状浮雕：创建使图像边缘凹陷进入下层图层中的效果；

⑤描边浮雕：在图层描边效果的边界上创建浮雕效果。

（2）方法　【方法】选项可以控制浮雕效果的强弱。包括3个级别：

①平滑：稍微模糊杂边的边缘,不保留大尺寸的细节特写；

②雕刻清晰：用于消除锯齿形状（如文字）的硬边杂边,保留细节特写的能力优于【平滑】选项；

③雕刻柔和：没有【雕刻清晰】描写细节的能力强,主要应用于较大范围的杂边。

（3）其他　使用【光泽等高线】中的选项,可制作光泽的金属外观和金属质感效果。

（4）等高线　除了设置【光泽等高线】以外,还可设置【等高线】。前者只会影响"虚拟"的高光层和阴影层；后者则会为对象本身赋予条纹状效果。

6）叠加样式

对渐变的图像再次编辑,具有一定的灵活性,并可随时对添加的叠加样式进行修改。

（1）颜色叠加　简单实用,相当于为图像着色；

（2）渐变叠加　覆盖图像的颜色以渐变色为主,渐变的样式和角度可以改变,还可设置【缩放】参数值。

（3）图案叠加　可在图层内容上添加各种预设或自定义图案。

> **提示：**【图案填充】样式与【填充】命令中的【图案】填充较为相似,只是前者能够控制图案的显示位置与效果。

实例1　将两个图层中的树木水平中心对齐

①单击【文件】/【打开】命令,打开"随书光盘/第2章素材/树01.psd"文件,如图2.14所示。

图2.14　打开的文件　　　　　　　　图2.15　同时选择两个图层

②两棵树分别在"图层 1"和"图层 2"上，选择【移动工具】，按住【Shift】键点击"图层 1"和"图层 2"，同时选择两个图层，如图 2.15 所示。

③单击工具选项栏中的【垂直居中对齐】按钮，将两个图层中的树对象水平中心对齐，如图 2.16 所示。

提示：工具选项栏中还有 5 个对齐功能，选择某一项，即能以相应的方式对齐两个图层中的对象。

图 2.16　两棵树水平中心对齐

实例 2　制作绿篱

①单击【文件】/【打开】命令，打开"随书光盘/第 2 章素材/绿篱场景 . jpg"文件，如图 2.17 所示。

②单击【文件】/【打开】命令，打开"随书光盘/第 2 章素材/绿篱 03. jpg"文件，如图 2.18 所示。

③使用【多边形套索工具】，将绿篱的 3 个面分离开，分别放置在一个图层中，如图 2.19 所示。

图 2.17　打开的场景文件　　图 2.18　打开的绿篱　　图 2.19　分离图层

④按【Ctrl + T】键调整好绿篱一个图层的大小和透视关系，按住【Alt】键对局部地方进行同层复制，以同样的方法处理另外两个面的关系。合并各层，将制作好的绿篱拖拽至"场景"窗口中，使用【橡皮擦工具】擦除绿篱多余的部分，效果如图 2.20 所示。

⑤复制这个绿色方体，缩小放于其他树池中，最终效果如图 2.21 所示。

图 2.20　制作好的绿方体　　　　图 2.21　复制绿方体

实例 3　绘制房屋场景拼缀图

①单击【文件】/【打开】命令，打开"随书光盘/第 2 章素材/卡通城 . jpg"文件，如图 2.22 所示。

②设置标尺。按【Ctrl + R】快捷键打开标尺,拉出辅助线,如图2.23所示。

图2.22　打开的文件　　　　　　　　　　　图2.23　拉出标尺辅助线

③复制"背景"层两次,分别命令名为"横排"和"竖排"。使用【矩形选框工具】,按住【Shift】键以辅助线为基准,创建7个横宽的矩形选区,如图2.24所示。

④单击【选择】/【存储选区】命令,在打开的【存储选区】对话框中,命名为"横排选区",如图2.25所示,然后,单击【确定】按钮,将横排选区存储。然后按【Ctrl + D】键去掉选区。

图2.24　创建7个横宽的矩形选区　　　　　　　　　图2.25　存储选区

⑤以同样的方法创建竖排选区并存储,如图2.26所示。按【Ctrl + D】键去掉选区。

图2.26　创建竖排选区并存储

⑥按【Ctrl + 6】快捷键选择"横排选区"通道,执行【滤镜】/【像素化】/【晶格化】命令,如图2.27所示。

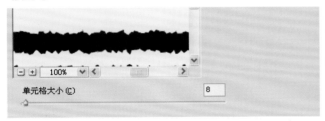

图2.27　晶格化参数设置及结果

⑦在 RGB 通道中选择"横排"图层,并隐藏"竖排"和"背景"层。单击【选择】/【载入选区】命令,载入"横排选区"通道中的选区,然后按【Shift + Ctrl + I】复合键【反向】操作,按【Delete】键删除,如图 2.28 所示。再次执行【反向】操作,复制当前图层,执行【滤镜】/【模糊】/【高斯模糊】命令,设置参数如图 2.29 所示。然后填充黑色,放置到"横排"图层下方,如图 2.30 所示。

图 2.28　删除选择

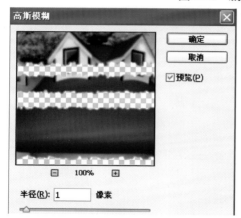

图 2.29　参数设置

图 2.30　图层填充

⑧选择"横排"图层,执行【选择】/【修改】/【收缩】命令,如图 2.31 所示。然后执行【反向】操作,删除选区内的图形。

⑨单击【编辑】/【描边】命令,对收缩后的选区描白色的边,参数设置如图 2.32 所示。

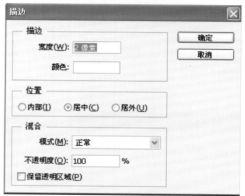

图 2.31　设置收缩量

图 2.32　参数设置

⑩确认"横排"图层处于选择状态,按【Ctrl + E】键将其与"图层1"合并,并重命名为"横排纸条",如图2.33所示。

图2.33　横排纸条及图层位置

⑪隐藏"横排纸条"图层,激活"竖排"图层,按【Ctrl + 7】快捷键选择"竖排选区"通道,重复上面的"⑥—⑩"步制作"竖排纸条",如图2.34所示。

图2.34　竖排纸条及图层位置

⑫显示所有图层,选择"竖排纸条"图层,选择其混合模式为【滤色】,如图2.35所示。

⑬选择"横排纸条"图层,设置其【不透明度】为75%,如图2.36所示。使横排、竖排纸条颜色相近。

图2.35　图层混合模式设置　　　　　图2.36　图层不透明度设置

⑭合并所有图层,执行【滤镜】/【滤镜库】/【纹理】,在打开的对话框中设置参数,如图2.37所示。单击【确定】按钮,最终效果如图2.38所示。

图2.37　参数设置　　　　　　　　　　图2.38　最终效果

2.2　图像

2.2.1　图像的基本操作

1)图像大小设置

图像的尺寸和分辨率,无论是打印输出还是屏幕显示的图像,制作时均需设置,这样才能按要求创作。

执行【图像】/【图像大小】(快捷键是Ctrl + Alt + I)命令,打开对话框,便可设置相应参数,如图2.39所示。

通过【图像大小】对话框,可以重新设置图像的像素和文档大小,改变图像的分辨率。

2)图像变换

使用【变换】命令可以对图像进行变换比例、旋转、斜切、伸展或变形等处理。

(1)传统变换　打开一幅图像,执行【编辑】/【变换】(快捷键是Ctrl + T)命令,使用其中包含的各种变换命令便可进行各种样式的变形,如表2.4所示。

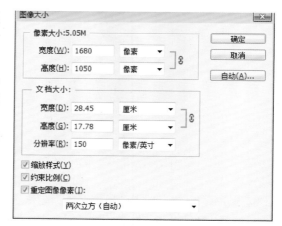

图2.39　"图像大小"对话框

(2)内容识别比例(快捷键Alt + Shift + Ctrl + C)　内容识别缩放功能可在不更改重要可视内容(如人物、建筑、动物等)的情况下调整图像大小,能够自动判断图像中的内容,然后决定如何缩放图像,如图2.40所示。

表2.4　变换命令

原图						
变形命令	缩放	旋转	斜切	扭曲	透视	变形
相应图形						
说明	沿水平和垂直方向拉伸或挤压图像内的一个区域来改变区域大小	允许改变图层内容或对选区进行旋转。提供了180°、90°等特殊位置旋转命令	沿着单个轴（水平或垂直）倾斜一个选择区域。斜切的角度影响图像倾斜程度	沿着每个轴拉伸。倾斜不局限于一条边。拖动一个角两条相邻边将沿着该角拉伸	挤压或拉伸一个图层或选区的单条边,进而向内外倾斜两条相邻边	对图像进行任意拉伸从而产生各种变换

原图　　　　　　　　　　　　　　　　　　　　内容识别缩小

图2.40　内容识别

3）图像裁剪

（1）【裁剪工具】 🔲　自由控制裁剪的大小和位置,并可对图像进行旋转、变形、改变分辨率等操作。

打开一张图片,选择【裁剪工具】 🔲,框选要保留的区域,被裁切区域呈半透明状,然后双击鼠标左键或按回车键即可完成。裁剪工具选项栏如图2.41所示,该选项栏中各选项的含义如表2.5所示。

图2.41　裁剪工具选项栏

表2.5　裁剪工具选项栏选项的含义

裁剪工具选项栏选项	含义
不受约束	裁剪区域不受画面限制
纵向与横向旋转裁剪框 🔄	单击该按钮,可以放置裁剪区域

续表

裁剪工具选项栏选项	含义
拉直	单击该按钮,通过在图像上画一条线来拉直该图像
视图	单击该按钮,可以改变裁剪区域的视图
设置其他裁剪选项 ⚙	单击该按钮,可以改变裁剪区域的效果
删除裁剪的像素	单击该按钮,可以删除裁剪的像素

使用【裁剪工具】🔲还可以扩大画布。方法是:按快捷键【Ctrl + −】将图像缩小,拖动裁剪框边线到画面以外的区域,双击鼠标即可。

(2)【透视裁剪工具】🔲   裁剪图像时可以对透视的图像进行校正。

4)图像复制和删除

(1)整体复制   即创建一个图像文件的副本。执行【图像】/【复制】命令,打开【复制图像】对话框。在该对话框的文本框中可以输入图像副本的名称,如图 2.42 所示。

图 2.42   复制图像

(2)局部复制   即复制选区内的图像。复制时,在不破坏源文件的情况下移动,称为复制;在破坏源文件的情况下移动,称为剪切。

(3)合并拷贝   同样用于复制和粘贴图像,但是不同于【拷贝】命令。在图像文档中存在两个或两个以上图层时,按【Ctrl + A】快捷键执行【全选】命令,然后执行【编辑】/【合并拷贝】命令(快捷键 Ctrl + Shift + C),打开另一个文档,执行【粘贴】命令,就会将刚才文档中的所有图像粘贴至其中。

说明:使用【合并拷贝】命令时,必须先创建一个选取范围,并且图像中有两个或两个以上的图层,否则该命令不可用。该命令只对当前显示的图层有效,对隐藏图层无效。

(4)【贴入】命令   用于完成添加蒙版的"粘贴"操作。执行【编辑】/【选择性粘贴】/【贴入】命令(快捷键 Alt + Shift + Ctrl + V),将剪切或复制的选区粘贴到同一图像或不同图像的另一个选区内。源选区内容被粘贴到新图层,而目标区边框转换为图层蒙版。

(5)清除图像   【清除】命令与【剪切】命令类似,不同的是,【剪切】命令是将图像剪切后放入剪贴板中,而【清除】命令则是删除图像,不放入剪贴板中。

提示： 在不同分辨率的图像中粘贴选区或图层时，粘贴的数据保持自己的尺寸，使粘贴的部分与新图像不成比例。在复制和粘贴之前，使用【图像大小】命令使源图像和目标图像的分辨率相同，将两个图像的缩放率设置为相同的放大率。

2.2.2　图像颜色选取和使用

进行图像设计，关键在于调整颜色，在 Photoshop 中，颜色既可以独立设置，也可以在图像中选取。

（1）前景色和背景色　设置颜色的途径很多，所有设置的颜色均会存储在工具箱中的前景色和背景色中，如图2.43所示。

（2）拾色器对话框　默认情况下，工具箱中的前景色为黑色、背景色为白色。要想更改颜色，单击色块，打开相应的拾色器对话框，选取后单击【确定】按钮即可。

（3）颜色使用　按【Alt + Delete】快捷键，可将前景色填充到选择区域内；按【Ctrl + Delete】快捷键，可将背景色填充到选择区域内。

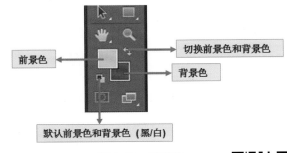

图2.43　工具箱

实例1　校正倾斜的图片

①单击【文件】/【打开】命令，打开"随书光盘/第二章素材/倾斜的水上建筑.jpg"文件，照片主题是水上建筑，但是所有的建筑却不垂直，如图2.44 所示。

②按快捷键【Ctrl + R】打开标尺工具，使用标尺辅助线，可以更为明显地感觉到画面的倾斜，如图2.45 所示。

③将鼠标放在左侧标尺内，按下鼠标左键后向照片内拖动，生成一条辅助线，如图2.46 所示。

图2.44　打开的文件

图2.45　标尺辅助线

图2.46　生成一条辅助线

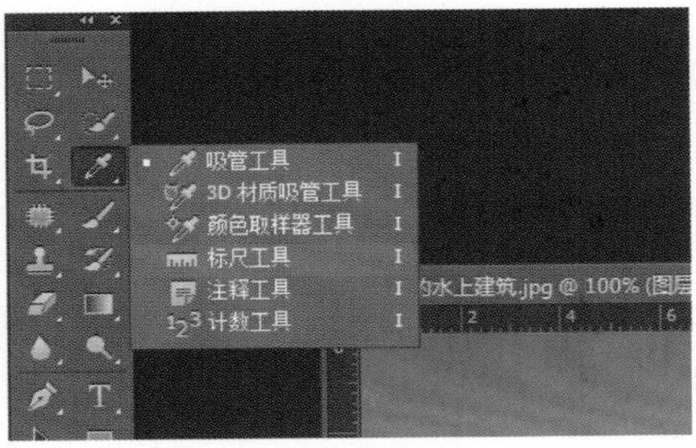

④右键单击工具箱中的【吸管工具】，从下拉列表中选择【标尺工具】，如图2.47 所示。然后使用【标尺工具】沿着照片内的主题建筑边沿绘制度量线，此时可以了解到照片的倾斜程度，此图为 90° − A（71.4°） = 18.6°，如图2.48 所示。

⑤执行【图像】/【图像旋转】/【任意角度】命令，在弹出的【旋转画布】对话框中输入角度值18.6，如图2.49

图2.47　选择标尺工具

| mm | ▾ | X: 475.13 | Y: 38.11 | W: 69.48 | H: 206.23 | A: -71.4° | L1: 217.62 | L2: |

图2.48　绘制度量线及照片的倾斜程度

所示。

　　⑥单击【确定】按钮,效果如图2.50所示。

旋转画布

角度(A)：18.6　　◉度(顺时针)(C)　　确定
　　　　　　　　　　○度(逆时针)(W)　　取消

图2.49　输入角度值18.6　　　　　　　　　　　图2.50　旋转后

　　⑦使用【裁剪工具】裁剪出照片内容,去除周围空白区域,完成倾斜照片的校正,如图2.51所示。

　　⑧按【回车】键,最终校正效果如图2.52所示。

图2.51　裁剪　　　　　　　　　图2.52　最终效果

实例2　使用图片制作花坛

　　①单击【文件】/【打开】命令,打开"随书光盘/第2章素材/花丛11.jpg"文件,复制图层命名为"图层1",同时隐藏背景层,如图2.53所示。

　　②为了后期有良好的构图,使用【裁剪工具】裁去图像左侧的部分图像,效果如图2.54所示。

　　③执行【图像】/【图像旋转旋转】/【任意角度(45度,顺时针)】命令。使用矩形选取工具建立选区,把没有用的部分删除,效果如图2.55所示。

　　④执行【Ctrl＋T】命令,对图像进行适当的缩小并复制图层1,将复制的图层90°逆时针旋转

后再水平翻转,调整图像的位置,效果如图 2.56 所示。

　　　图 2.53　打开文件并复制图层　　　　　　　　　　　　　图 2.54　裁去左侧图像

　　⑤激活图层 1 副本,按【Ctrl + E】快捷键,将图层 1 副本和图层 1 合并,然后执行【图像】/【图像旋转】/【任意角度(45 度,顺时针)】命令;然后执行【Ctrl + T】命令,对图形进行适当的缩小,如图 2.57 所示。

　　⑥复制图层 1 并执行【编辑】/【变换】/【水平翻转】命令,然后使用【移动工具】调整图形位置,如图 2.58 所示。

  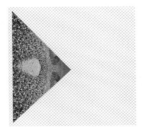 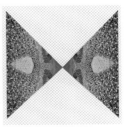

图 2.55　旋转并删除　　图 2.56　复制图层并调整　　图 2.57　旋转并缩小　　图 2.58　复制并调整

　　⑦激活图层 1 副本,按【Ctrl + E】快捷键,将图层 1 副本和图层 1 合并,执行【编辑】/【变换】/【旋转 90 度,(顺时针)】命令;然后执行【Ctrl + T】命令,对图形进行适当的调整,执行【Ctrl + E】命令,合并两个图层,结果如图 2.59 所示。

　　⑧使用【裁剪工具】裁去周边参差不齐的地方,完成花坛的制作,最终效果如图 2.60所示。

 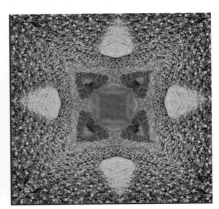

　　　　图 2.59　调整后合并图层　　　　　　　　　　图 2.60　裁剪后的最终效果

2.3　选区

　　对图形进行局部编辑或修改,就需要选取图像(即建立选区)。选取范围是否准确,直接关系到图像编辑的成败。因此,必须进行精确的范围选取(抠图)。

2.3.1　选框和套索工具

1)创建规则选区

　　创建的区域类似规则的几何图形,如矩形、圆形等。工具组如图 2.61 所示。

　　绘制矩形和圆形选区,按住【Shift】键可以绘制正方形或者正圆形选区。按【Shift + Alt】快捷键可以绘制以起点为中心的正方形。

2)创建不规则选区

　　创建与对象形状相似的选区。此类工具在建立选区时很灵活,选区的精确度和质量高,其工具组如图 2.62 所示。

图 2.61　规则选区工具组

图 2.62　不规则选区工具组

　　用【套索工具】■创建选区时,如果起点和终点没有重合,则中间的区域呈直线状态,如图2.63 所示。

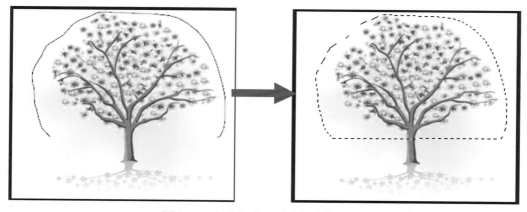

图 2.63　起点和终点不重合时选区状态

　　用【多边形套索工具】■创建选区时,按住【Shift】键的同时拖动鼠标可创建与水平方向呈45°角的选择线。

2.3.2　颜色选区

根据颜色创建选区,选区范围与颜色容差关系密切。选择的颜色越多或容差越大,选区就越大。

1)【魔棒工具】

根据颜色和容差创建选区,以单击的像素颜色值为准,寻找容差范围内其他颜色的像素,然后把它们变为选区。

工具选项栏中的【容差】范围就是色彩的包容度,容差越大,色彩包容度越大,选中的部分就越多,反之,选中的部分就越小。

> 提示:启用【对所有图层取样】选项,可以使用所有可见图层中的数据选择颜色。否则,将只从当前图层中选择颜色。

2)【快速选择工具】

利用画笔笔尖快速绘制选区。可以调整直径、硬度等,选取方式与【魔棒工具】相似。

【快速选择工具】创建选区后,按【Alt】键可以切换到【从选区减去】按钮,同时单击选区,即可在原有的基础上减少选区。

> 提示:在工具选项栏上单击画笔右侧的小三角按钮,即对涂抹时的画笔属性进行设置。

3)色彩范围

执行【选择】/【色彩范围】/命令,打开【色彩范围】对话框,可以对图像颜色进行选取。该命令主要针对当前图层中相似的颜色选取。

(1)选取颜色　在【色彩范围】对话框中,使用【取样颜色】选项可选取图像中的任何颜色。

在【选择】下拉列表中除了"取样颜色"选项以外,还包括固定颜色选项以及色调选项。例如选择"肤色"选项,即可选中图像中的肤色部分。

当计算机中显示的颜色超出了 CMYK 模式的色域范围,就会出现"溢色",即计算机可以显示,打印机无法打印的颜色。图像溢色也可以通过【色彩范围】命令来选择,选择"溢色"选项确定建立选区后,所有图像中的"溢色"都将被建立成新的选区。

(2)颜色容差　【色彩范围】对话框中的【颜色容差】选项与【魔棒工具】中的【容差】选项相同,均是选取颜色范围的误差值,数值越小,选取的颜色范围越小,反之,选择的颜色范围越大。

(3)添加与减去颜色范围　选择【颜色容差】选项更改的是某一颜色像素的范围,而对话框中的【添加到取样】工具与【从取样中减去】工具则用于增加或减少不同的颜色像素。

(4)反相　当图像中颜色复杂,要选择一种或 N 种颜色,可使用【色彩范围】命令。在对话框中选中较少的颜色像素,然后启用【反相】选项,以得到反方向选区。

(5)保存与载入　当在【色彩范围】对话框中选中颜色范围后,单击对话框中的【存储】按钮,便可将颜色范围以及相关参数值以 AXT 格式加以保存,如图 2.64 所示。

图 2.64　保存颜色范围

　　这样就可以在不同阶段重新选择该颜色范围,方法是单击【载入】按钮,选择保存的数据即可。

2.3.3　滤镜操作

　　滤镜是 Photoshop 的特色之一,功能强大。它产生的复杂数字化效果是对传统摄影技术中特效镜头的模拟,不仅能改善图像效果掩盖缺陷,还能产生特殊效果,内置的众多滤镜组均可通过【滤镜】菜单使用。

　　除了 Photoshop CS6 自带的滤镜之外,第三方开发的滤镜也可以以插件的形式安装在【滤镜】菜单中,此类滤镜种类繁多,极大地丰富了软件的图像处理功能。在此侧重对滤镜选区进行介绍。

1)滤镜分类

　　滤镜大致分为 3 类:校正性滤镜、破坏性滤镜和效果性滤镜。按照安装属性分,可分为如下3 类:

　　(1)内阙滤镜　嵌于 Photoshop 程序内部的滤镜,不能被删除,即使删除了,在目录下依然存在。

　　(2)内置滤镜　是 Photoshop 程序自带的滤镜,安装时 Photoshop 程序会被自动安装到指定目录下。

　　(3)外挂滤镜　即通常所说的第三方滤镜,是由第三方厂商开发研制的程序插件,可作为增效工具使用,种类繁多,功能强大,可提供更多的方便。

2)滤镜使用方法

　　当从【滤镜】菜单中选择一个命令,Photoshop 会将相应的滤镜应用到当前图层的图像中。

　　(1)滤镜基本操作　Photoshop 会针对选区范围进行滤镜处理,如果图像中没有选区,则对整个图像进行处理,并且只对当前图层或者通道起作用。

技巧:只对局部图像进行滤镜处理时,可将选区范围羽化,使处理的区域与原图像过渡自然,减少突兀感。

（2）滤镜库　自从 Photoshop 引入【滤镜库】命令后，对很多滤镜提供了一站式访问。滤镜库包含 6 组滤镜，执行滤镜命令时，在同一个对话框中设置不同的滤镜即可。执行【滤镜】/【滤镜库】命令即可。

滤镜库最大的特别之处在于，应用滤镜的显示方式与图层相同。默认情况下，滤镜库中只有一个效果图层，单击不同的滤镜缩略图，效果图层会显示相应的滤镜命令。

技巧：选中效果图层，单击【删除效果图层】按钮，即可删除效果图层。但当只有一个效果图层时，该按钮不可用。

（3）渐隐滤镜　【渐隐】命令，必须在执行了某个滤镜命令之后对该滤镜进行渐隐，并且【渐隐】命令显示为渐隐该滤镜名称。例如在执行了【滤镜】/【扭曲】/【水波】命令后，紧接着执行【编辑】/【渐隐水波】命令，从中可设置【不透明度】与【模式】选项，使图像在该滤镜的基础之上进行改变。

实例 1　将草丛从背景层中抠出

①单击【文件】/【打开】命令，打开"随书光盘/第 2 章素材/草丛 01 . jpg"文件，为了避免误操作，在复制图层上绘制。按【Ctrl + J】快捷键，复制背景层并将其命名为"图层 1"，如图 2.65 所示。

图 2.65　打开文件并复制图层

②隐藏背景层，激活图层 1，使用【多边形套索工具】📐，选择要保留的范围，如图 2.66 所示。这一步尽量画准，以便提高后期电脑处理能力。

③单击鼠标右键，选择【调整边缘】命令，在出现的【调整边缘】对话框中拉动调整边缘检测半径到 50 左右，如图 2.67 所示，出现的效果如图 2.68 所示。对不满意的地方，再次长按左键进行涂抹。

④达到预期效果后，单击【确定】按钮，出现选择的蚂蚁线，如图 2.69 所示。

⑤按【Shift + Ctrl + I】键，进行反选，按【Delete】键删除选择区域，效果如图 2.70 所示。

⑥对不满意的地方重复使用【调整边缘】命令继续抠取，为了看得更清楚，取消背景层的隐藏并对其填充蓝色，最终草丛抠取效果如图 2.71 所示。

图 2.66　绘制选区

图 2.67　设置参数

图 2.68　出现的效果

图 2.69　蚂蚁线

图 2.70　反选后删除

图 2.71　最终效果

实例 2　制作树木平面模块

①在 CAD 中打开"随书光盘/第 2 章素材/平面树 . dwg"文件,设置模型空间背景为白色,单击菜单【文件】/【输出】,将其保存为" ∗ . eps"封装格式文件。

②运行 Photoshop CS6 软件,打开刚才保存的" ∗ . eps"格式文件,用裁切工具裁切图像至合适的大小。然后单击菜单【图像】/【图像大小】,设置图像大小如图 2.72 所示,将图像调大。

③拖动"图层 1"至【创建新图层】按钮 ,复制图层 4 次,合并这些图层,使图线清晰,效果如图 2.73 所示。

④新建一个"图层 2",用白色填充。拖动"图层 2"到"图层 1"下方,如图 2.74 所示。

⑤新建一个"图层 3",确定"图层 3"为当前图层,利用【椭圆选框工具】,以植物平面图例线条中间为中心,画一个与图线大小相同的圆。

⑥设置前景色为浅绿色,背景色为深绿色,在图层 3 从圆的中间偏上位置开始下拉实施线性渐变,然后把图层 3 放在图层 1 之下,结果如图 2.75 所示。

⑦确认图层 3 处于被激活状态,执行【滤镜】/【杂色】/【添加杂色】命令,设置数量为 18%,分布为【高斯分布】,单击【确定】按钮,效果如图 2.76 所示。

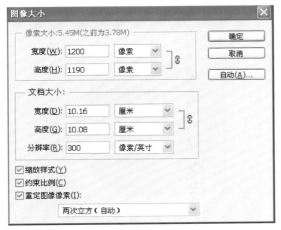

图2.72　设置图像大小

图2.73　清晰的图线

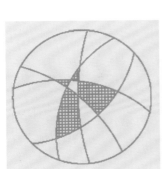

图2.74　填充及图层顺序

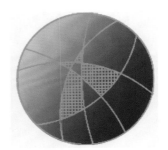

图2.75　线性渐变

说明:【添加杂色】滤镜就是通过给图像增加一些细小的像素颗粒(即干扰的粒子),使干扰粒子混合到图像内的同时产生色散效果。也有人将它译为"增加噪声"滤镜。

⑧继续对图层3操作,执行【滤镜】/【像素化】/【点状化】命令,设置晶格大小为6,单击【确定】按钮,效果如图2.77所示。

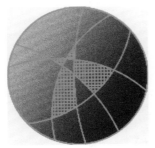

图2.76　添加杂色

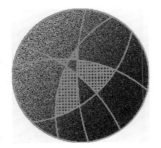

图2.77　点状化

⑨制作阴影。合并图层1和图层3,双击合并后的图层,在出现的【图层样式】对话框中勾选【投影】,设置投影参数,如图2.78所示。

⑩单击【确定】按钮,最终效果如图2.79所示。存储为PSD格式,以备后用。

图 2.78　投影参数设置　　　　　　　　　　图 2.79　最终效果

实例 3　使用滤镜和图层混合把静物图片转为水彩画效果

①单击【文件】/【打开】命令,打开"随书光盘/第 2 章素材/插花/插花 01 . jpg"文件,显示在背景层,如图 2.80 所示。

②按【Ctrl + J】快捷键,复制背景层生成图层 1,如图 2.81 所示。

图 2.80　打开的文件　　　　　　　　　　　　图 2.81　复制图层

③在图层 1 单击鼠标右键,选择【转换为智能对象】,智能对象图标显示在预览窗口,如图 2.82 所示。

④按【Ctrl + J】快捷键两次,复制智能对象图层,并重命名为"图层 2"和"图层 3",如图 2.83 所示。

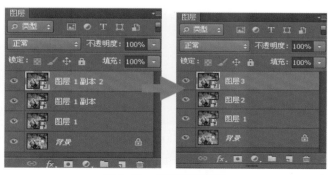

图 2.82　转换为智能图层　　　　　　　图 2.83　复制智能图层

⑤隐藏"图层 2"和"图层 3",如图 2.84 所示。

⑥单击选择"图层1",单击【滤镜】/【滤镜库】,在打开的对话框中选择【艺术效果】/【木刻】,设置其参数后单击【确定】按钮,如图2.85所示。

图2.84　隐藏图层

图2.85　【木刻】参数设置及效果

⑦改变"图层1"的混合模式为【明度】,如图2.86所示。

图2.86　改变图层混合模式

⑧选择"图层2",点眼睛图标  取消隐藏。再次打开【滤镜】/【滤镜库】/【艺术效果】/【干画笔】,设置参数后单击【确定】按钮,如图2.87所示。

图2.87　【干画笔】参数设置及效果

⑨改变"图层2"的混合模式为【滤色】,如图2.88所示。

⑩选择"图层3",点眼睛图标 取消隐藏。单击【滤镜】/【杂色】/【中间值】,设置半径为12像素,单击【确定】按钮,结果如图2.89所示。

⑪改变"图层3"的混合模式为【柔光】,最终效果如图2.90所示,存盘。

图2.88　改变图层混合模式

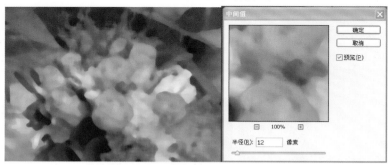

图2.89　【中间值】参数设置及效果

图2.90　改变图层混合模式及最终效果

说明: 用单一的滤镜效果很难表现出水彩画效果。最好的方法就是把原图多复制几层,分别加上不同的滤镜,然后修改图片的混合模式,叠加出细腻的水彩画效果。

2.3.4　通道操作

1)图像与通道

　　打开一幅图像,系统会自动创建颜色信息通道。执行【窗口】/【通道】命令,即可在【通道】面板中查看该图像的复合通道和单色通道。不同的颜色模式图像,其通道组合各不相同,并且

在【通道】面板中显示的单色通道也会有所不同。

图像与通道是相连的,可以理解为通道是存储不同类型信息的灰度图像。通道中的 RGB 分别代表红、绿、蓝 3 种颜色。将它们以不同比例混合,构成彩色图像,如图 2.91 所示。

在【通道】面板中,按住【Ctrl】键单击红色通道缩览图,即可载入该通道中的选区。在【图层】面板中新建"图层 1",并且填充红色(#ff0000),便得到红色通道图像效果,如图 2.92 所示。

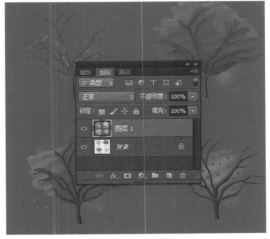

图 2.91   彩色图像   图 2.92   红色通道图像效果

(1)RGB 模式通道   RGB 模式通道是 Photoshop 默认图像模式,将自然界的光线视为由红、绿、蓝 3 种基本色组合而成,是 24 位/像素的三通道图像模式。屏幕上所有颜色都是由红、绿、蓝 3 种色光按照不同比例混合而成,如图 2.93 所示。

图 2.93   红通道、绿通道、蓝通道和原图

RGB 的参数值是指亮度,使用整数表示。通常 RGB 各有 256 级亮度,用数字表示为从 0 ~ 255。一幅图像中 RGB 通道的明度反映图像的显示信息。

(2)CMYK 模式通道   CMYK 模式通道属于印刷颜色模式,包括青、洋红、黄和黑 4 个单色通道。其灰度图和 RGB 类似,表示含量多少。

(3)Lab 模式通道   Lab 模式通道也是由 3 个通道组成,一个通道是亮度 L,另外两个是色彩通道,用 a 和 b 来表示。

(4)多通道模式通道   8 位/像素,在特殊打印中使用。每个通道中使用 256 灰度级,将彩色图像转换为多通道时,新的灰度信息基于每个通道中像素的颜色值。例如将 RGB 图像转换为多通道模式,可以创建青色、洋红和黄色专色通道。

2)Alpha 通道

Alpha 通道主要用来记录选择信息,通过对 Alpha 通道的编辑,能够得到各种效果的选区。

（1）创建 Alpha 通道

①画布中存在选区时，通过【存储选区】命令或单击【通道】面板底部的【将选区存储为通道】，均能创建具有灰度图像的 Alpha 通道；

②单击【通道】面板底部的【创建新通道】按钮，即可创建一个背景为黑色的空白通道。

> **提示**：Alpha 通道是自定义通道，创建该通道时，如果没有为其命名，Photoshop 就会使用 Alpha1 这样的名称。

（2）编辑 Alpha 通道　　Alpha 通道相当于灰度图像，可使用相应的工具或命令进行编辑，从而得到复杂的选区。例如，在具有黑白双色的 Alpha 通道中，执行【滤镜】/【素描】/【半调图案】命令，使 Alpha 通道呈现复杂的图像。这时，单击【通道】面板底部的【将通道作为选区载入】按钮，载入该通道中的选区。然后返回复合通道，按【Crtl + J】快捷键复制选区中的图像，便可得到相应的图像效果。

> **技巧**：在通道中，白色区域记录选区，灰色区域记录羽化的选区，黑色区域不记录选区。

3）颜色通道

颜色通道记录的是图像的颜色与选择信息，编辑颜色通道，既可建立局部选区，也可改变图像色彩。

（1）通过颜色通道提取图像　　颜色通道是图像自带的单色通道，通过编辑颜色通道的副本，既可以得到图像选区，也不会改变图像颜色。

例如，打开一幅图像的【通道】面板，选择对比较强烈的单色通道（这是选蓝色通道）。将其拖动至【创建新通道】按钮，创建颜色通道副本。接着在"蓝副本"通道中，就可以随意使用颜色调整命令，加强该通道中的对比关系。最常使用的是【色阶】命令。

对于通道图像的细节调整，可通过【加深工具】和【减淡工具】涂抹，从而得到黑白双色图像。载入该通道中的选区并进行反相，返回图层面板，删除选区内容，便可在不改变图像色彩的情况下提取边缘较为复杂的布局图像。上述操作过程如图 2.94 所示。

 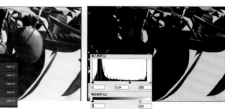  

　　打开的图片　　　　　　复制蓝色通道　　　　　调整后的黑白图片　　　　　提取的图像

图 2.94　通过颜色通道提取图像的过程

（2）同文档中的颜色通道复制与粘贴　　在同一图像文档中，将一个单色信息通道复制到另一个不同的单色信息通道中，返回 RGB 通道就会发现图像颜色发生了变化。

例如，打开一幅图像，在【通道】面板中选中绿通道，全选并复制。然后选中蓝通道进行粘贴，返回 RGB 通道，发现图像色彩发生了改变，如图 2.95 所示。

以 RGB 颜色模式的图像为例，复制通道颜色至其他颜色通道中，能够得到 6 种不同的图像色调。

图2.95　复制通道后的颜色改变

（3）不同文档中的颜色通道复制与替换　除了可以在同图像文档中复制颜色通道信息外，还可以在两个不同的图像文档之间复制颜色通道信息，前提是准备两幅完全不同但尺寸相同的图像。

提示：在两幅 RGB 模式图像之间，3 个不同的颜色通道均可以复制到另外一幅图像的不同颜色通道中。虽然色调相同，但会发生细微的变化。

选中其中一幅图像的某一个颜色通道，将其全选后进行复制。切换到另外一个文档，选择某个单色通道进行粘贴，可以得到一幅综合的效果。

如果将花(孔雀草)图像中的单色通道(绿通道)复制到蝴蝶图像的单色通道(蓝通道)中，那么会得到蝴蝶纹理清晰，孔雀草纹理模糊的效果，如图2.96 所示。

图2.96　不同文档中的颜色通道复制与替换

4）分离和合并通道

当需要保留单个通道信息时，可以将通道分离，生成灰度图像。此时，既可以保存或者编辑灰度图像，也可以将灰度图像重新合并，生成新图像。

（1）通道分离　单击【通道】面板右上角的小三角按钮，选择【分离通道】选项，便可将通道中的颜色通道拆分为单个通道的灰度图像。以 RGB 模式为例，拆分后为 3 个灰度图像。

（2）颜色通道合并　分离通道后，还可以合并通道。合并通道的方式有多种，既可以还原最初的彩色图像，也可以改变通道顺序合并成其他色调的彩色图像，还可合并成其他颜色模式的彩色图像。下面以 RGB 模式分离后的灰度图像为例，介绍如何通过合并通道得到不同色调的彩色图像。

①合并 RGB 模式通道　当彩色图像被分离成单个的灰度图像后，任意选中一个灰度图像

文件,在其【通道】面板右上角单击小三角按钮,选择【合并通道】选项。如果任意选择【指定通道】选项组中的【红色】、【绿色】和【蓝色】选项,会得到不同色调的彩色图像。

②合并 Lab 模式通道   在 Lab 模式下,同样可以任意设置【指定通道】选项组中的【明度】、a 和 b 选项,得到不同颜色的彩色图像。

③合并多通道模式通道   无论是任何模式的图像,分离后均能够组合成多通道模式图像。

5)专色通道

专色通道主要用于替代或补充印刷色(CMYK)油墨,在印刷时每种专色都要求专用的印版,一般在印刷金、银色时需要创建专色通道。

(1)创建与编辑专色通道   创建与存储专色的载体为专色通道。按住【Ctrl】键,单击【通道】面板底部的【创建新通道】按钮🔲,在弹出的【新建专色通道】对话框中,单击【颜色】色块,选择专色,得到专色通道。

> **提示**:因为专色颜色不是用 CMYK 油墨打印的,所以在选择专色通道所用的颜色时,可以完全忽略色域警告图标。

创建的专色通道为空白通道,需要在其中建立图像才能显示在图像中。在专色通道中,既可使用绘图工具绘制图像,也可将外部图像的单色通道图像复制到专色通道中,使其呈现在图像中。例如,将另外一幅图像中的蓝色通道选中并复制,返回新建的专色通道进行粘贴。将发现静物以专色的形式在图像中显示出来。

> **提示**:在编辑专色图像时,必须根据图像的效果,选择相应的工具进行操作,从而得到完整的效果。

专色通道的属性设置与 Alpha 通道相似。同样是双击通道,在打开的【专色通道选项】对话框中设置专色通道的【颜色】与【密度】选项,从而得到不同的效果。

(2)合并专色通道   大多数家用台式打印机不能打印包含专色的图像,因为专色通道中的信息与 CMYK 或者灰度通道中的信息是分离的。要想正确打印图像,需要将专色融入图像中。

Photoshop 虽然支持专色通道,但是添加到专色通道的信息不会出现在图层上,甚至背景层也不显示。这时可以单击【通道】面板右上角的下三角按钮▤,选择【合并专色通道】,使专色图像融入图像中。

6)应用图像与计算

图层中的混合模式只是针对图层之间的图像进行混合,而使用【应用图像】命令不仅可以进行图层之间的混合,还可以将一个图像(源)的通道和图层图像混合,从而得到意想不到的混合色彩。

(1)应用图像   打开源图像"随书光盘/第 2 章素材/18. jpg"和目标图像"随书光盘/第 2 章素材/2 597. jpg",如图 2.97 所示。选择目标图像,执行【图像】/【应用图像】命令,选择源图像中的不同图层进行混合,设置如图 2.98 所示,得到两幅图像混合的彩色效果,如图 2.99 所示。

【应用图像】命令不仅能混合两张图片,还能对单张图片的复合、单个通道进行混合,实现特殊效果。

源图像　　　　　　　　　　　　　　　目标图像

图2.97　打开的源图像和目标图像

图2.98　对话框设置　　　　　图2.99　混合后的彩色效果

（2）计算通道　【计算】命令是通过混合模式功能,混合两个来自一个或者多个源图像中的单色通道,将结果应用到新图像或者新通道,或者现有的图像选区中。

实例1　使用通道和计算命令抠出复杂物体

①单击【文件】/【打开】命令,打开"随书光盘/第2章素材/树01.jpg"文件,如图2.100所示。

②复制背景层,转到通道面板,如图2.101所示

③因树枝和背景反差较大,选择蓝色通道,如图2.102所示。

图2.100　打开的文件

图2.101　通道面板

图2.102　选择蓝色通道

④执行【图像】/【计算】命令,在打开的【计算】对话框中设置,如图 2.103 所示。

⑤单击【确定】按钮,生成新通道 Alpha1 及其效果如图 2.104 所示。

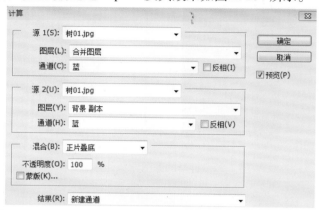

图 2.103　【计算】设置

图 2.104　新通道及效果

⑥目前反差还是不够明显,再一次执行【图像】/【计算】命令,设置混合模式为叠加,如图 2.105所示。

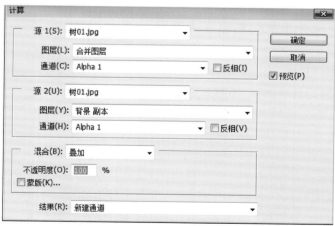

图 2.105　再次执行【计算】命令

⑦单击【确定】按钮,生成新通道 Alpha2 及其效果如图 2.106 所示。

⑧经观察,此时画面顶部还有一些灰色区域,用色阶予以处理,按【Ctrl + L】快捷键,打开【色阶】对话框,设置参数及此时的效果如图 2.107 所示。

图2.106　新通道及效果

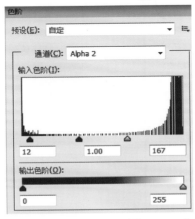

图2.107　【色阶】参数及效果

　　⑨现在画面黑白分明,达到了预想的效果,想把树枝分离出来,按【Ctrl+I】快捷键进行反相操作,树枝部分变成白色,如图2.108所示。

　　⑩通过观察发现,部分树干也变成了黑色,这是不需要的。单击【多边形套索工具】按钮，创建树干部分的选区,如图2.109所示。

　　⑪按快捷键【D】,设置前景色为白色,然后按【Alt+Delete】快捷键,把树干选区填充白色,如图2.110所示。

图2.108　反相

图2.109　树干部分的选区

图2.110　填充白色

　　⑫按【Ctrl+D】快捷键去掉选区。然后按住【Ctrl】的同时点击Alpha2缩略图,调出白色树木选区,回到图层面板,如图2.111所示。

　　⑬单击【添加图层蒙版】按钮，添加蒙版,树木即被抠出。之后隐藏背景层,树木抠出的效果如图2.112所示。

图 2.111　选区

图 2.112　最终效果

实例 2　应用通道制作雪景

①单击【文件】/【打开】命令,打开"随书光盘/第 2 章素材/风景素材 . jpg"文件,如图2.113所示。

②打开【通道】面板,选择一个渐变比较柔和清晰的通道(一般绿色通道比较合适),复制此通道,生成"绿副本",如图 2.114 所示。

③对"绿副本"执行【滤镜】/【滤镜库】/【艺术效果】/【胶片颗粒】命令,根据雪的大小调整参数,如图 2.115 所示。

图 2.113　风景素材

图 2.114　复制通道

图 2.115　参数设置

④回到【图层】面板,新建"图层 1",执行【选择】/【载入选区】命令,通道选"绿副本",如图 2.116 所示。单击【确定】按钮,生成选区如图 2.117 所示。

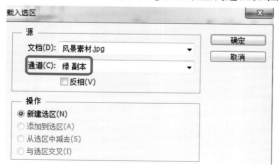

图 2.116　选择"绿副本"

图 2.117　生成选区

⑤按【D】键,将"前景色"与"背景色"设置为默认的颜色,按【Ctrl + Delete】键填充白色,按

【Ctrl + D】键取消选区,雪的效果如图2.118所示。

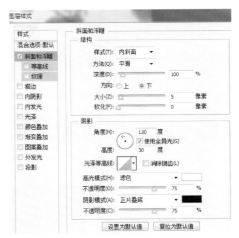

图2.118　雪的效果　　　　　　　　图2.119　参数设置

　　⑥经观察感觉雪很薄,单击图层面板底部的【添加图层样式】按钮 ,设置图层样式如图2.119所示。增加雪的厚度,使之更真实。

　　⑦合并图层,使用【历史记录画笔工具】 涂抹一下画面中的人物,再根据画面效果调整一下色彩平衡和亮度/对比度,最终效果如图2.120所示。

图2.120　最终效果

2.3.5　路径操作

　　所有使用矢量绘制软件或矢量绘制工具制作的线条,原则上都可以称为路径。在缩放或变形后仍能保持平滑效果,分为开放和封闭路径。路径中每段线条开始和结束的点称为锚点,选中的锚点显示一条或两条控制柄,可以通过改变控制柄的方向和位置来修改路径的形状。两个直线段间的锚点没有控制柄。

1)钢笔工具

　　【钢笔工具】 是建立路径的基本工具,可以绘制最高精度的图像、创建直线路径和曲线路径,还可以创建封闭式路径。而使用【自由钢笔工具】 则能够像使用铅笔在纸上绘图一样来绘制路径。

　　(1)创建直线路径　在空白画布中,选择工具箱中的【钢笔工具】 ,启用工具选项栏中的

【路径】功能,在画布中连续单击,即可创建直线段路径,而【路径】面板中出现"工作路径"如图2.121所示。

(2)创建曲线路径　曲线路径是通过单击并拖动来创建的。方法是使用【钢笔工具】 在画布中单击A点,然后到B点单击并同时拖动,释放鼠标后即可建立曲线路径,如图2.122所示。

(3)创建封闭式路径　使用【钢笔工具】 在画布中单击A点作为起点。然后分别单击B点和C点,指向起始点(A点),钢笔工具指针右下方出现一个小圆圈,单击后形成封闭式路径,如图2.123所示。

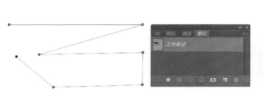
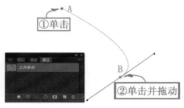

图2.121　**直线路径和路径面板**　　　　图2.122　**曲线路径**　　　　图2.123　**封闭路径**

(4)创建自由路径　【自由钢笔工具】 可以根据需要任意绘制图形,绘制时不需要确定节点的位置,而是根据设置来自动添加节点来改变形状,如图2.124所示。

在工具选项栏中启用【磁性的】复选框,可以激活【磁性钢笔工具】,此时鼠标指针将变成 ,利用此功能可以沿路径边缘创建路径,如图2.125所示。

图2.124　**自由钢笔工具创建的路径**　　　　图2.125　**磁性钢笔工具创建的路径**

2)几何形状路径

对于常见的几种几何图形,在Photoshop工具箱中均能够找到相应的工具进行绘制。通过设置每个工具的参数,还可以变换出不同的效果。

(1)【矩形工具】 　绘制矩形、正方形的路径。其方法是:选择【矩形工具】 在画布上任意位置单击作为起始点,同时拖动鼠标,随着光标的移动出现矩形框。

(2)【圆角矩形工具】 　创建具有圆角效果的矩形,在一定程度上消除坚硬、方正的感觉,通过设置工具选项栏中的【半径】选项,可以绘制出不同大小圆角的矩形路径效果。

(3)【椭圆工具】 　建立椭圆(包括正圆)路径。其方法是:选择该工具,在画布任意位置单击,同时拖动鼠标,随着光标的移动出现椭圆形路径。

(4)【多边形工具】 　既能绘制多边形,也能绘制星形。通过工具选项栏中【边】选项的设置,可以调整多边形的边数,应用非常广泛。

(5)【直线工具】 　既可以绘制直线路径,也可以绘制箭头路径,直线路径的绘制方法与矩形路径相似,只需选中该工具在画布中单击并拖动鼠标即可。通过选项栏中的【粗细】选项可设置其粗细。

提示：绘制直线路径时，同时按住【Shift】键可以绘制出水平、垂直或者45°的直线路径。

3）自定义形状路径

使用工具箱中的【自定形状工具】，可以建立几何路径以外的复杂路径。Photoshop 中包含 250 多种形状可供选择，如星星、脚印、花朵等各种符号化的形状，也可以自定义形状路径，以便重复使用。

（1）创建形状路径　选择【自定形状工具】，在工具选项栏（图 2.126）中单击【形状】右侧的小按钮，在打开的【定义形状】拾色器中选择形状图案，即可在画布中建立该图案的路径，如图 2.127 所示。

图 2.126　工具选项栏

图 2.127　选择并建立形状图案

单击拾色器右上角的按钮，在关联菜单中既可以设置图案的显示方式，也可以载入预设的图案形状。

提示：在选择载入预设的图案形状时，可以执行【追加】命令添加系统自带的图案，该命令不会替换从前的图案形状。在关联菜单中，通过选择【载入形状】命令，能够将外部的形状路径导入 Photoshop 中；还可以通过选择【复位形状】命令，还原【定义形状】拾色器中的形状。

（2）自定义形状路径　将自己绘制的路径保存为自定义形状，方便重复使用。方法：在画布中创建路径，执行【编辑】/【定义自定形状】命令，在【形状名称】对话框（图 2.128）中直接单击【确定】按钮，即可将其保存到【自定形状】拾色器中。

图 2.128　创建的路径及【形状名称】对话框

选择【自定形状工具】后，在【自定形状】拾色器中即会出现刚刚保存的路径"五角图形"，如图 2.129 所示。选择这个定义好的形状，即可绘制路径和图形，如图 2.130 所示。

4）调整路径

路径工具不能一次性将对象外形准确描绘出来，需要进行调整以达最终目的。

　　图2.129　自定义形状路径

　　图2.130　绘制的路径图形

（1）选择路径与锚点　常用工具有【路径选择工具】和【直接选择工具】。

　　选择【路径选择工具】，在已建立的路径区域中任意单击，即可选中该路径，此时路径上的所有节点都以实心方块显示；使用【直接选择工具】，则可以通过单击或者框选来选中一个或者多个节点，这样即可单独编辑选中的节点，不影响其他节点。

　　（2）添加与删除锚点　选择【添加锚点工具】，在绘制好的路径上单击，即可为路径添加锚点；选择【删除描点工具】，单击路径上锚点，即可删除该描点。

　　技巧：在选择【路径选择工具】或者【直接选择工具】的情况下，按住【Alt】键，便可在这两个工具之间切换。

　　（3）更改锚点属性　锚点具有曲线锚点和直线锚点两种类型，分别用来连接曲线和直线路径。使用工具箱中的【转换点工具】，能够在曲线锚点和直线锚点之间进行转换。

　　（4）调整曲线方向　使用【转换点工具】，除了能够将直线转换为曲线以外，还能够调整曲线路径的弧度，只要在单击锚点的同时大幅度地拖动光标，或者使用【直接选择工具】调节控制柄即可。

　　（5）变换路径　自由变换功能同样能够应用于路径，只要使用【路径选择工具】选中路径后，按【Ctrl + T】快捷键显示变换控制框，即可通过图像的自由变换操作来变换路径。

　　（6）移动路径　选择【路径选择工具】，将光标指向路径内部，然后单击并拖动鼠标，即可改变路径在画面中的位置；要是选择【路径选择工具】，单击并拖动路径中的某个锚点，则可以移动该锚点在路径中的位置，而整个路径不会发生位置的变化。

　　（7）复制路径　使用【路径选择工具】选中路径后，按住【Alt】键单击并拖动路径即可复制路径。

　　（8）路径类型　无论是钢笔工具、几何工具，还是形状工具，均能够得到不同的路径图像。只要选择某个路径工具后，在工具选项栏左侧分别单击【形状图层】【路径】或【填充像素】，即可逐一创建同一形状、不同类型的效果。

5）应用路径

　　绘制、编辑完成路径后，就可以将其转换为选区，或者直接进行填充和描边操作。

　　（1）路径转换为选区

　　方法1　单击【路径】面板下面的【将路径作为选区载入】按钮。

　　方法2　单击【路径】面板右上角的小三角按钮，选择【建立选区】选项，在弹出的对话框中还可以设置【羽化半径】参数。

如果路径为开放式的,则在转换为选区后,路径的起点会连接终点成为一个封闭的选区。路径转换为选区是路径的一个重要功能。

(2)选区转换为路径 对于颜色单一的图像,利用【钢笔工具】 绘制又比较麻烦,这时可以使用【魔棒工具】 创建选区,然后在【图层】面板下拉列表中选择【建立工作路径】,在弹出的对话框中设置【容差】参数即可。

◆技巧:在路径打开的前提下,按【Ctrl + Enter】快捷键,同样可以将路径转换为选区。而在【图层】面板中,单击【从选区生成工作路径】按钮 ,可以直接将选区转换为路径。

(3)填充路径

方法1 打开【路径】面板,将前景色设置为要填充的颜色,然后单击该面板下方的【用前景色填充】按钮 即可。

方法2 打开【路径】面板,同时按住【Alt】键单击【用前景色填充】按钮 ,弹出【填充路径】对话框。在【使用】下拉列表中选择"前景色""背景色"或"图案"等选项。

(4)描边路径 在一幅作品中,路径是隐藏的,只用来辅助记录作品的初始形态。描边路径是将路径以线条、图案等方式实体化。它可以将路径轨迹以各种形式表现出来,从而达到最终编辑图像的目的。

①设置不同画笔大小描边 对路径描边前,首先要设置各项描边工具,例如使用【画笔工具】 ,对路径进行粗细不同的描边。

方法 在【路径】面板上单击【用画笔描边路径】按钮 。

②设置不同画笔形状描边 在【画笔预设】选取器中,可以选择不同的画笔笔触对路径进行描边,可以根据笔触的变化制作出草、花等描边效果。

③设置不同描边工具 使用【路径选择工具】 在路径上右击,在弹出的快捷菜单中选择【描边路径】命令,可在弹出的【描边路径】对话框中选择描边的工具。

使用不同的工具在路径上描边,相当于在图像上沿着路径对图像进行操作,设置工具的不同属性,能对路径进行各种形态的描边。

(5)路径运算 在设计过程中,经常需要创建比较复杂的路径,利用路径运算功能可将多个路径进行相减、相交、组合等运算。在路径创建过程中,可以进行路径运算。当路径创建完成后,还是能够重新进行路径运算操作,其运算功能均显示在工具选项栏中。

实例1 绘制植物模纹图案

①新建一个 1 024 ×988 dpi、分辨率为96 的文件,填充绿色,如图2.131 所示。

②单击【钢笔工具】 ,在其属性栏中选择【路径】,在绘图区绘制一个矩形,如图2.132 所示。

③使用【添加锚点工具】 在矩形的4 条边上添加4 个锚点,再用鼠标分别拖动4 个锚点,将种植图案的外轮廓画出来,如图2.133 所示。

④打开【路径】面板,单击下部的【将路径作为选区载入】按钮 (或者在路径区域内单击鼠标右键,在快捷菜单中选择【建立选区】),将路径变为选区,如图2.134 所示。

图 2.131　新建文件并填充绿色

图 2.132　矩形路径

图 2.133　调整图案形状

图 2.134　路径变为选区

> **说明：** 在绘制路径的过程中，若对绘制的路径不满意，可以按【Esc】键取消绘制。当选择"磁性钢笔"工具绘制路径，不满意时可以单击鼠标手动添加锚点。使用【BackSpace】键或者【Esc】键可以删除磁性钢笔绘制的上一个锚点。

⑤在【图层】面板中新建一个图层，命名为"植物模纹"，设置前景色为粉色（#bc39e1）填充到选区中，按下【Ctrl+D】键取消选区，如图 2.135 所示。

⑥单击【编辑】/【自由变换】命令，将"植物模纹"缩小，再按【Alt】+【移动命令】复制 3 个，旋转并摆放，大小和位置如图 2.136 所示。

⑦执行【滤镜】/【杂色】/【添加杂色】，数量设置为 10，如图 2.137 所示。再执行【滤镜】/【滤镜库】/【纹理化】，参数设置如图 2.138 所示。单击【确定】按钮，效果如图 2.139 所示。

图 2.135　填充颜色到选区

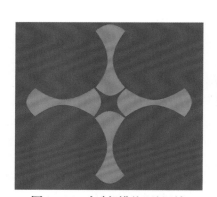
图 2.136　复制"模纹"并摆放

图 2.137　参数设置

图 2.138　参数设置

图 2.139　滤镜结果

图 2.140　【投影】参数设置

⑧双击"植物模纹"图层，对其添加【斜面和浮雕】效果，设置为默认值；再对其添加【投影】效果，设置如图 2.140 所示，效果如图 2.141 所示。

⑨使用和上面相同的方法,绘制其他自己喜欢的形状和颜色的植物模纹,最终效果如图2.142所示。

图2.141　添加图层样式结果

图2.142　最终结果

实例2　绘制树枝树叶

①新建一个500×400 dpi、背景色为白色的RGB文件。

②新建一个图层,命名为"树枝",然后用【钢笔工具】勾出树枝的路径,如图2.143所示。

③单击【路径】面板下方的【将路径作为选区载入】按钮⚙或者在所画的路径区域内单击鼠标右键,在级联菜单中点击【创建选区】命令,将路径转换为选区,然后填充R、G、B分别为50、15、1的颜色,按【Ctrl+D】键取消选区,效果如图2.144所示。

④单击工具箱中的【加深工具】按钮◉,对树枝的边缘部分涂抹,使其颜色变深,再选择【减淡工具】按钮🔍,把树枝的中间及有节点的部分涂亮一点,效果如图2.145所示。

图2.143　绘制的树枝路径　　图2.144　将路径转换为选区并填充颜色　　图2.145　加深减淡处理效果

⑤新建一下图层,命名为"树叶",用【钢笔工具】勾出一片叶子的路径,如图2.146所示。

⑥设置前景色的R、G、B分别为8、139、48,背景色的R、G、B为8、78、23。

⑦单击【路径】面板下方的【将路径作为选区载入】按钮⚙,将路径转换为选区。单击工具箱中的【渐变工具】,在其属性栏中设置"前景到背景",如图2.147所示。"渐变模式"设置为"径向渐变",对树叶进行填充,然后按下【Ctrl+D】键,取消选区,效果如图2.148所示。

图2.146　绘制树叶路径

图2.147　渐变色设置

图2.148　渐变填充效果图

⑧用【钢笔工具】创建如图2.149所示的路径。

⑨将路径转选区,并填充RGB为228、247、234的颜色,效果如图2.150所示。

⑩用和上一步相同的方法,继续绘制叶脉并填充颜色,效果如图2.151所示。

⑪单击工具箱中的【画笔工具】,设置画笔笔刷大小为"1px",硬度高轩为"100%",新建一

个图层,用画笔工具画出细小的叶脉,效果如图 2.152 所示。

⑫新建一个图层,用【钢笔工具】勾出如图 2.153 所示的路径,然后转换为选区并填充和树叶相同的颜色,取消选区,并将新建的这个图层和"树叶"图层合并,仍然命名为"树叶"。

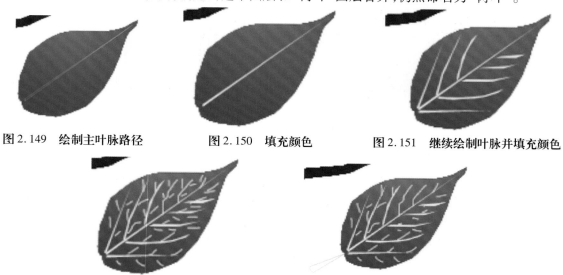

图 2.149　绘制主叶脉路径　　　图 2.150　填充颜色　　　图 2.151　继续绘制叶脉并填充颜色

图 2.152　画出细小的叶脉　　　　　　图 2.153　钢笔路径

⑬移动并缩放树枝和树叶的位置,如图 2.154 所示。

⑭复制多片树叶,调整大小,并选择【模糊工具】对后面的树叶做适当的模糊处理,再填充一个灰色背景,合并所有图层,最终效果如图 2.155 所示。

图 2.154　摆放树枝和树叶的位置

图 2.155　最终效果

2.3.6　蒙版操作

蒙版是 Photoshop 处理图像的高级编辑功能,也是编辑和绘制特殊效果的基础,它可以起到保护图像局部的作用。该功能还可以将两个毫不相干的图像天衣无缝地融合在一起。

蒙版中的纯白色区域可以遮罩下面图层中的内容,显示当前图层中的图像;蒙版中的纯黑色区域可以遮罩当前图层中的图像,显示下面图层中的内容;蒙版中的灰色区域会根据其灰度值呈现出不同层次的透明效果。因此,用白色在蒙版中绘画的区域是可见的,用黑色绘画的区域将被隐藏,用灰色绘画的区域会呈现半透明效果。

●选区与蒙版　蒙版是一种特殊的选区,但它的目的并不是对选区进行操作,相反,而是要保护选区不被操作。同时,对于不处于蒙版范围的区域则可以进行编辑与处理。创建选区后单

击【添加图层蒙版】按钮，选区内的区域受到保护从而显示，选区以外的区域被隐藏。

●通道与蒙版 在 Photoshop 中蒙版作为选区存储在通道中，对一个图像建立蒙版，在【通道】调板中，会发现自动生成的"蒙版"通道。

单击该通道，使用【画笔工具】进行涂抹，同时也会影响到图层蒙版。

蒙版大致分为快速蒙版、剪贴蒙版、图层蒙版和矢量蒙版 4 种类型。

1）快速蒙版

快速蒙版模式是使用各种绘图工具建立临时蒙版的一种高效率的方法。使用快速蒙版模式建立的蒙版，能够快速地转换成选择区域。

（1）创建快速蒙版 单击工具箱下方的【以快速蒙版模式编辑】按钮，进入快速蒙版编辑模式。使用【画笔工具】在画布中涂抹，绘制半透明红色图像。

> **提示：**当离开"快速蒙版"模式时，未受保护区域成为选区，同时【通道】调板中的"快速蒙版"通道也会消失在项栏中。

单击工具箱下方的【以标准模式编辑】按钮，返回正常模式，半透明红色图像转换为选区。进行任意颜色填充后，发现原半透明红色图像区域被保护。

（2）设置快速蒙版选项 在默认情况下，在快速蒙版模式中绘制的任何图像均呈现红色半透明状态，并且代表被蒙版区域。当快速蒙版模式中的图像与背景图像有所冲突时，可以通过更改【快速蒙版选项】对话框中的颜色值与不透明度值，来改变快速蒙版模式中的图像显示效果。

双击工具箱底部的【以快速蒙版模式编辑】按钮，打开【快速蒙版选项】对话框，设置【不透明度】选项。

默认状态下，快速蒙版模式中的像与标准模式中的选区为相反区域，如果要使之相同，需要启用【快速蒙版选项】对话框中的【所选区域】选项。

> **技巧：**按住【Alt】键单击【以快速蒙版模式编辑】按钮，可以切换快速蒙版的"被蒙版区域"和"所选区域"选项。

（3）编辑快速蒙版 当使用快速蒙版修饰图像时，可以使用工具箱中的工具进行重复修改和编辑，有很强的灵活性。

使用快速蒙版还能够在选区中应用滤镜命令，使选区边缘更加复杂。例如，在快速蒙版编辑模式中，执行【滤镜】/【模糊】/【径向模糊】命令，得到缩放选区，从而复制模糊效果的图像。

> **提示：**在快速蒙版选项对话框中，还可以更改屏蔽颜色不透明度，以最佳状态观察图像。

2）剪贴蒙版

剪贴蒙版主要是使用下方图层中图像的形状来控制其上方图层图像的显示区域的。剪贴蒙版中下方图层需要的是边缘轮廓，而不是图像内容。

（1）创建剪贴蒙版 当【图层】面板中存在两个或者两个以上图层时，即可创建剪贴蒙版。

方法 1 选中上方图层，执行【图层】/【创建剪贴蒙版】命令（快捷键 Ctrl + Alt + G），该图层会与其下方图层创建剪贴蒙版。

方法 2　按住【Alt】键,在选中图层与相邻图层之间单击,创建剪贴蒙版。

创建剪贴蒙版后,发现下方图层名称带有下画线,而上方图层的缩览图是缩进的,并且显示一个剪贴蒙版图标 ,而画布中图像的显示也会随之变化。

(2)编辑剪贴蒙版　创建剪贴蒙版后,还可以对其中的图层进行编辑,例如移动图层、设置图层属性以及添加图像图层等操作,从而更改图像效果。

①移动图层　在剪贴蒙版中,两处图层中的图像均可以随意移动。例如,移动下方图层中的图像,会在不同位置显示上方图层中不同区域的图像。

如果移动的是上方图层中的图像,那么会在同一位置显示该图层中不同区域的图像,并且可能会显示出下方图层中的图像。

②设置图层属性　在剪贴蒙版中可以设置图层的【不透明度】选项,或者设置图层的【混合模式】选项,来改变图像效果。通过设置不同的图层来显示不同的图像效果。

当设置剪贴蒙版中下方图层的【不透明度】选项,可以控制剪贴蒙版组的不透明度。

而调整上方图层的【不透明度】选项只用来控制其自身的不透明度,不会对整个剪贴蒙版产生影响。

设置上方图层的【混合模式】选项,可以使该图层图像与下方图层图像融合为一体;如果设置下方图层的【混合模式】选项,必须在剪贴蒙版下方旋转图像图层,这样才显示混合模式效果;同时设置剪贴蒙版中两个图层的【混合模式】选项时,会得到两个叠加效果。

③添加图像图层　剪贴蒙版的优势就是形状图层可以应用于多个图像图层,从而分别显示相同范围中的不同图像。创建剪贴蒙版后,将其他图层拖至剪贴蒙版中即可。

这时,可以通过隐藏其他图像图层显示不同的图像效果。

3)图层蒙版

图层蒙版之所以可以精确、细腻地控制图像显示与隐藏的区域,是因为图层蒙版是由图像的灰度来决定图层的不透明度的。

(1)创建图层蒙版　创建图层蒙版包括多种途径。最简单的方法是直接单击【图层】面板底部的【图层蒙版】按钮,或者单击【蒙版】面板右上角的【添加像素蒙版】按钮,也可以为当前普通图层添加图层蒙版。

如果画布中存在选区,直接单击【添加图层蒙版】按钮。在图层蒙版中,选区内部呈白色,选区外部呈黑色,这时黑色区域被隐藏。

> **技巧**:直接单击【添加图层蒙版】按钮,添加的是显示全部的图层蒙版;按住【Alt】键单击该按钮,添加的是隐藏全部的图层蒙版;当画布中存在选区时,如果按住【Alt】键单击【添加图层蒙版】按钮,那么选区内部为隐藏区域,选区外部为显示区域。

(2)调整图层蒙版　无论是单独创建图层蒙版,还是通过选创建,均能够重复调整图层蒙版中的灰色图像,从而改变图像显示效果。

①移动图层蒙版　图层蒙版中的灰色图像与图层中的图像为链接关系。也就是说,无论是移动前者还是后者,均会出现相同的效果;如果单击【指示图层蒙版链接到图层】图标,则会使图层蒙版与图层分离。

②停用与启用图层蒙版　通过图层蒙版编辑图像,只是隐藏图像的局部,并不是删除。所以,随时可以还原图像原来的效果。

提示:要想返回图层蒙版效果,只需右击图层蒙版缩览图,选择【启用图层蒙版】命令,或者直拉单击图层蒙版缩览图即可。

③复制图层蒙版　当图像文档中存在两幅或两幅以上图像时,还可以将图层蒙版复制到其他图层中,以相同的蒙版显示或者隐藏当前图层内容。方法是:按住【Alt】键,单击并且拖动图层蒙版至其他图层。释放鼠标后,在当前图层中添加相同的图层蒙版。

技巧:如果需要当前图层执行源蒙版的反相效果,则可以选择蒙版缩览图,按住【Shift + Alt】快捷键拖动鼠标到需要添加蒙版的图层,这时在当前图层添加的是颜色相反的蒙版。

要想查看图层蒙版中的灰色图像效果,需要按住【Alt】键单击图层蒙版缩览图,进入图层蒙版编辑模式,画布显示图层蒙版中的图像。

④浓度与羽化　为了柔化边缘,可以在图层蒙版中行模糊,从而改变灰色图像。为了减少重复操作,可以使用【蒙版】面板中的【羽化】或者【浓度】选项。

当图层蒙版中存在灰色图像时,在【蒙版】面板中向左拖动【浓度】滑块,蒙版中黑色图像逐渐转换为白色,而彩色图像被隐藏的区域逐渐显示出来。

在【蒙版】面板中,向右拖动【羽化】滑块,灰色图像边缘被羽化,而彩色图像由外部向内部逐渐透明。

(3)图层蒙版与滤镜　图层蒙版与滤镜具有相辅相成的关系。在图层蒙版中能够应用滤镜效果,而在智能滤镜中则可以编辑滤镜效果、蒙版来改变滤镜效果。

图层蒙版中的灰色图像同样可以应用滤镜效果,只是得到的最终效果呈现在图像显示效果中,而不是直接应用在图像中。在具有灰色图像的图层蒙版中,执行【滤镜】/【风格化】/【风】命令。

4)矢量蒙版

矢量蒙版是与分辨率无关的蒙版,是通过钢笔工具或者形状工具创建路径,然后以矢量形状控制图像的可见区域。

(1)创建矢量蒙版　矢量蒙版包括多种创建方法,采用不同的创建方法会得到相同或者不同的图像效果。

①创建空白矢量蒙版　选中普通图层,单击【蒙版】面板右上方的【添加矢量蒙版】按钮,在当前图层中添加显示全部的矢量蒙版;如果按住【Alt】键单击该按钮,可以添加隐藏全部的矢量蒙版。

然后选择某个路径工具,在工具选项栏中启用【路径】功能。在画布中建立路径,图像中就会显示路径区域。

②以现有路径创建矢量蒙版　选择路径工具,在画布中建立任意形状的路径。然后单击【蒙版】面板中的【添加矢量蒙版】按钮,即可创建带有矢量的蒙版。

(2)编辑矢量蒙版　创建矢量蒙版后,可以在其中编辑路径,从而改变图像显示效果。通过进行矢量蒙版编辑既可以改变路径形状,也可以设置显示效果。

①编辑矢量蒙版　要想显示路径以外的区域,可以使用【路径选择工具】选中该路径,然后在工具选项栏中启用【从形状区域减去】功能。

在现有的矢量蒙版中要想扩大显示区域最基本的方法就是使用【直接选择工具】选中其中的某个节点进行删除。

还有一种方法是在现有的路径上添加其他形状路径,来扩充显示区域。方法是:选择任意一个路径工具,启用工具选项栏中的【添加到路径区域】功能,在画布空白区域建立路径。

当建立矢量蒙版后,在【路径】面板中会自动创建当前图层的矢量蒙版路径。如果该面板中还包括其他路径,那么可以将其合并到矢量蒙版路径中。方法是:选中存储路径并复制后,选中"图层 0 矢量蒙版"路径进行粘贴。

②改变显示效果　要想为矢量蒙版添加【羽化】效果,不需要再借助图层蒙版,而是直接调整【蒙版】面板中的【羽化】选项即可。

选中矢量蒙版,在【蒙版】面板中向右拖动【羽化】滑块,得到具有羽化效果的显示效果;如果向左拖动【浓度】滑块,路径外部区域的图像就会逐渐显示出来。

实例 1　制作光线效果

①执行【文件】/【打开】命令,打开"随书光盘/素材/第 2 章素材/光线场景 . JPG"文件,如图 2. 156 所示。

②按【Ctrl + Shift + N】组合键新建一个图层,命名为"光线"。

③按【Q】键进入快速蒙版编辑模式,选择【渐变工具】▆,按住【Shift】键,从左往右拉一个渐变,如图 2. 157 所示。

图 2. 156　打开的素材　　　　　图 2. 157　渐变

④按【Q】键退出快速编辑模式,按【Ctrl + Shift + I】组合键反选选区,填充白色,如图 2. 158 所示。

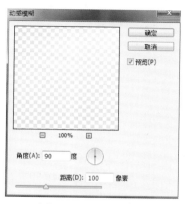

图 2. 158　填充白色　　　　图 2. 159　参数设置

⑤按【Ctrl＋D】键取消选区,执行【滤镜】/【模糊】/【动感模糊】命令,设置模糊参数如图2.159所示。如果觉得模糊程度不够,可以多次按【Ctrl＋F】键加强模糊效果。

⑥按【Ctrl＋T】键,对光线进行变形,制作出光线成一定角度射向地面的效果,按【Ctrl＋J】键复制几层,调整好彼此之间的疏密关系,效果如图2.160所示。

⑦激活"背景"层,执行【图像】/【调整】/【亮度/对比度】命令,设置参数如图2.161所示。最终效果如图2.162所示。

图2.160　光线

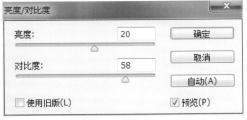

图2.161　参数设置

图2.162　最终效果

实例2　汽车抠图

①按【Ctrl＋O】键,打开"随书光盘/第2章素材/汽车01.jpg"文件,如图2.163所示。

②单击工具箱中的【钢笔工具】按钮(或按快捷键P),将汽车的外轮廓勾选出来。

③用工具箱中的【直接选择工具】和【转换点工具】调整路径点的位置和光滑度。然后在此围合路径的终点单击鼠标右键,选择【建立选区】选项,弹出"建立选区"对话框,回车,路径变成了选区,如图2.164所示。

图2.163　打开的文件

图2.164　汽车选区

④双击背景层,将背景层变成"图层0"层,按【Ctrl＋Shift＋I】键,反向操作。按【Delete】键,删除背景部分,按【Ctrl＋D】键,取消选区,效果如图2.165所示。

⑤按【Q】键,进入"快速蒙版"模式,按【B】键使用画笔工具进行局部调整,将没有删除干净

的非汽车部分画出来,如图2.166所示。

图2.165 删除背景部分

图2.166 使用画笔工具

⑥按【Q】键,将所有画红的部分变成选区;按【Ctrl + Shift + I】键,反向操作。再按【Delete】键,将这些部分删除,按【Ctrl + D】键,取消选区,结果汽车从背景中抠出,效果如图2.167所示。

实例3 使用蒙版创建新选区

①按【Ctrl + O】键,打开"随书光盘/第2章素材/玫瑰花.jpg"文件,如图2.168所示。

②单击【椭圆工具】◎绘制椭圆选区,如图2.169所示。

图2.167 最终效果

③按【Q】键,进入"快速蒙版"模式,如图2.170所示。

图2.168 打开的文件

图2.169 椭圆选区

图2.170 快速蒙版

④执行【滤镜】/【扭曲】/【波浪】命令,设置参数如图2.171所示。单击【确定】按钮,效果如图2.172所示。

⑤按【Q】键退出快速编辑模式,蒙版的任务完成,生成新选区,如图2.173所示。

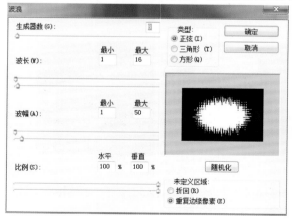

图2.171 参数设置

图2.172 图像效果

⑥按【Q】键退出快速编辑模式,蒙版的任务完成,生成新选区,如图2.173所示。

⑦处理选区。按【Ctrl＋J】键复制出选区图形,隐藏"背景"层,效果如图2.174所示。

图2.173　新选区　　　　　　　　　　图2.174　隐藏背景层

说明:此种形式的蒙版特别适用于手动编辑。此时使用黑色画笔在显示区上涂抹是加蒙色,在蒙色区上涂抹无效;使用白色画笔在显示区上涂抹无效,在蒙色区上涂抹是去蒙色。

⑧新建一个图层,放在复制图层的下面,拉上一个渐变色,效果如图2.175所示。也可以反选选区生成如图2.176所示的图形。

图2.175　渐变结果　　　　　　　　　　图2.176　反选生成的图形

提示:Photoshop中常用快速蒙版和扭曲滤镜来创建图片的边框。

2.3.7　选区的基本操作及应用

1)选区的基本操作

(1)选择方式　创建选区后,若需要选区以外的像素,可执行【选择】/【反向】命令(快捷键Ctrl＋Shift＋I)。

不同形状的选区使用不同的选取工具,要在整个图像或者画布区域建立选区,可执行【选择】/【全选】/命令(快捷键Ctrl＋A)。

(2)移动选区　根据绘图的需要对选区进行移动调整,除了【快速选择工具】以外,其他选区工具均可用来移动选区,选区内的图像不会随之移动。

方法1　将鼠标移动至选区内按住鼠标左键即可随意移动选区。也可使用方向键←、↑、

→、↓,精确调整选区方向,每按一次移动 1 个像素。若按住 Shift 键再按方向键,则每次可移动 10 像素。

方法 2 使用【移动工具】 ,但此方法移动的不只是选区,选区内的图像也会随之移动。

(3)变换选区 绘制较特殊的形状,可在新建的选区上右击,在弹出的子菜单中选择【变换选区】命令,会出现自由变形调整框和控制点,调整方法和变换图像的方法相同,如图 2.177 所示。

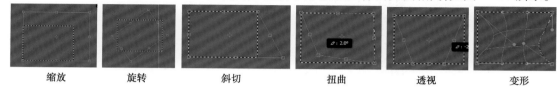

| 缩放 | 旋转 | 斜切 | 扭曲 | 透视 | 变形 |

图 2.177 变换选区

如果右击新建选区,在弹出的快捷菜单中选择【变换选区】命令,然后单击工具选项栏中的【在自由变换和变形模式之间切换】按钮 ,在工具选项栏中的【变形】下拉列表中选择各项定义好的形状,则可以对选区进行扇形、下弧、上弧、拱形、凸起、贝壳、花蕊、旗帜、波浪、鱼形、增加、鱼眼、膨胀、挤压和扭转等各种形态的变形。

(4)选区存储与载入 创建选区后,执行【选择】/【存储选区】命令,在打开的对话框中直接单击【确定】按钮,即可将画布中的选区保存在【通道】面板中,如图 2.178 所示。

图 2.178 选区保存在【通道】面板中

要再次借助该选区进行其他操作,可执行【选择】/【载入选区】命令,打开【载入选区】对话框,在【通道】下拉列表框中选择指定通道名称即可。

(5)修改选区 多数情况下无法一次性得到满意的选区,对此,可以先创建一个基本选区,然后在原选区的基础之上进行调整。

①边界命令 建立选区后执行【选择】/【修改】/【边界】命令,以原选区的边缘为基础向外扩展,会出现两条闪烁的虚线(蚂蚁线),两条蚂蚁线之间即为新选区,如图 2.179 所示。

图 2.179 边界选区

②平滑命令　当选区带有尖角时,可执行【选择】/【修改】/【平滑】命令,设置【取样半径】参数值,像素值越大,选区的轮廓线越平滑。

③扩展命令　执行【选择】/【修改】/【扩展】命令,设置【扩展量】参数值,数值越大,选区扩展越大,并尽量保持原有形状。该命令适于光滑的自由形状选区。

④收缩命令　执行【选择】/【修改】/【收缩】命令,设置【收缩量】参数值,可以缩小当前选区。

⑤羽化命令　可将尖锐的选区处理得柔和、自然。执行【选择】/【修改】/【羽化】命令,设置【羽化半径】参数值,数值越大,选区边缘的柔和度越大。

2)选区的应用

创建选区后除了可以对图像进行编辑以外,还可以应用选区给图像描边、提取图像等。

(1)选区描边　建立选区后执行【编辑】/【描边】命令,或右击选区,在弹出的快捷菜单中选择【描边】命令,在弹出的对话框中设置描边的各个选项,可得到不同的描边效果。

(2)提取图像　抠取图像中的某一局部之前,先要观察该局部与背景之间的差异,再决定使用哪个工具可更快捷地选取主题图像,然后通过复制选区中的图像进行图像提取。

2.4　绘画与修饰

2.4.1　绘画的基本工具

1)画笔工具

【画笔工具】可以使用前景色在画布或者图像上任意涂抹。

(1)画笔工具的基本类型和功能

①画笔类型　画笔根据笔触类型分为 3 种:硬边画笔,线条边缘清晰;软边画笔,线条边缘柔和且具有过渡效果;不规则画笔,产生类似于喷发、喷射或爆炸等不规则形状,如图 2.180 所示。

图 2.180　画笔类型

②绘画模式　将绘画模式的颜色与其下面的像素相混合,产生结果颜色的混合模式,不同绘画模式的不同结果如图 2.181 所示。

③不透明度　用于设置绘图应用颜色在原有底色中的显示程度,数值为 1 ~ 100 的整数,表示不透明度的深浅。可拖动滑块调整,也可直接在文本框中输入数值。不同不透明度的效果如图 2.182 所示。

图 2.181　不同的绘画模式

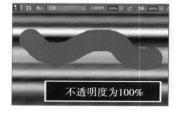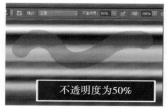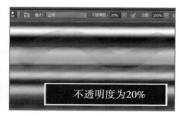

图 2.182　不同不透明度效果

④画笔流量　流量是指将指针移动到某个区域上方时应用颜色的速率。在某个区域上方进行绘画时,如果单击鼠标不放,那么颜色量将根据流动速率增大,直至达到不透明度。不同画笔流量效果如图 2.183 所示。

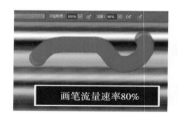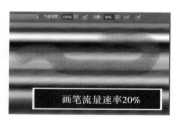

图 2.183　不同画笔流量效果

⑤喷枪功能　在工具栏上单击【启用喷枪样式的建立效果】按钮，可以控制画笔的颜料数量,将指针移动到某个区域上方,如果单击鼠标不放,颜料量会增加。其中,通过画笔硬度、不透明度和流量选项可以控制应用颜料的速度和数量。单击不同次数喷枪的效果如图 2.184 所示。

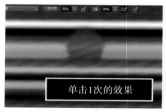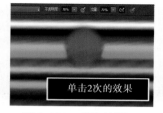

图 2.184　喷枪效果

⑥使用画笔　设置好参数拖动鼠标即可。也可以按住【Shift】键找到一个起点,然后选择一个终点单击连成直线。

（2）编辑画笔　使用【画笔工具】绘制图形,仅使用不透明度、流量、大小等参数远不能满足绘画要求,可通过设置【画笔】面板中的选项以达到要求。

①【画笔】面板　选择【画笔工具】,在工具选项栏中单击【切换画笔面板】按钮,即弹出

【画笔】面板,如图2.185所示。

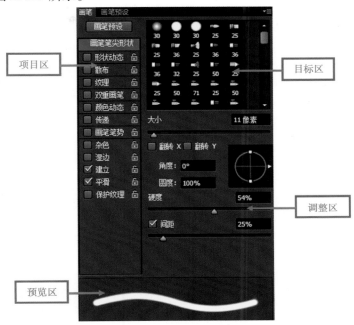

图2.185　画笔面板

②画笔笔尖形状　画笔笔尖选项与选项栏中的选项一起可控制应用颜色的方式,并使用各种动态画笔、不同的混合属性来应用颜色。单击面板左侧的【画笔笔尖】选项,面板右侧则显示相应的参数。

③形状动态　【形状动态】选项用来控制描边中画笔笔迹的变化,该变化中的不规则形状随机生成。

④散布　【散布】选项主要用来确定描边中笔迹的数目和位置,产生将笔触分散开的效果。

⑤纹理　纹理画笔利用图案使描边看起来像是在带纹理的画布上绘制一样。启用面板左侧的【纹理】选项,即可改变笔尖的显示效果。

⑥双重画笔　通过双重画笔组合的两个笔尖创建画笔笔迹,将在主画笔的画笔描边内应用第二个画笔纹理,并且仅绘制两个画笔描边的交叉区域。

方法　选择一个笔尖形状,启用【双重画笔】选项,再选择一个笔尖形状,两种笔尖形状重合。

2)铅笔工具

【铅笔工具】绘制的图形边缘僵硬,使用方法与画笔工具类似,但铅笔工具不能设置笔触硬度,如图2.186所示。经常使用它绘制棱角突出的线条,如像素画、线头纹理、手游中的图形等。

图2.186　画笔和铅笔的图形效果

技巧:在选择【画笔工具】时,按住【Alt】键的同时单击工具箱中的【画笔工具】图标,可以在【画笔工具】、【铅笔工具】、【颜色替换工具】、【混合器画笔】之间切换。

2.4.2　修饰的基本工具

1）颜色替换工具

【颜色替换工具】能够对图像中的局部颜色进行快速替换，并且可替换多个颜色，如图2.187所示。选择该工具后，便可使用前景色在目标颜色上绘画。

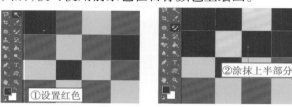

图2.187　涂抹一半的对比效果

工具选项栏中的绘画【模式】包括4种，如图2.188所示。通常设置为"颜色"，此模式效果明显，易掌握。

图2.188　绘画模式

2）擦除工具

（1）橡皮擦工具　【橡皮擦工具】可更改图像像素。若背景层锁定，用【橡皮擦工具】擦除后填充的是背景色；若图层为普通图层，则橡皮擦擦除的是透明像素。

（2）背景橡皮擦工具　【背景橡皮擦工具】可将图层上的像素抹成透明的，抹除背景的同时在前景中保留对象边缘。在工具选项栏中打开【画笔预设】选取器，可以设置相应参数。

在【背景橡皮擦工具】选项栏中，若启用【保护前景色】复选框，擦除图像时，与【前景色】相同的颜色不被擦除。

（3）魔术橡皮擦工具　使用【魔术橡皮擦工具】在图层中单击，将自动更改所有相似的像素，将其擦除为透明的。

3）渐变工具

【渐变工具】可创建多种颜色间的逐渐混合。

（1）渐变样式　选择【渐变工具】后，在工具选项栏中有5种渐变样式图标，如图2.189所示，可用来创建相应的渐变样式，如图2.190所示。

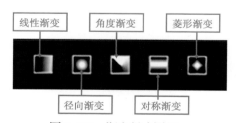

图2.189　渐变样式图标

图2.190　不同渐变样式的效果

①线性渐变　在所选择的开始和结束位置之间产生一定范围内的线性颜色渐变。

②径向渐变　在中心点产生同心渐变色带。拖动的起始点定义在颜色的中心点,释放鼠标的位置定义在颜色的边缘。

③角度渐变(锥形渐变)　拖动鼠标,产生顺时针渐变的颜色。

④对称渐变　由起点到终点创建渐变时,对称渐变会以起点为中线再向反方向创建渐变。

⑤菱形渐变　创建同心钻石状渐变。

(2)创建和编辑渐变颜色　默认情况下,选择【渐变工具】▇后,在画布中单击并拖动鼠标,建立的是默认【前景色】与【背景色】之间的渐变。要想改变渐变颜色,需要打开【渐变编辑器】对话框进行编辑。渐变类型包括3种:创建双色渐变、创建多色渐变和创建透明渐变。

添加渐变颜色:单击渐变条下方,可以添加色标;单击渐变条上方,可以添加透明色标。

删除渐变颜色:右击某个预设渐变,在弹出的快捷菜单中选择【删除渐变】命令,或按住向外拖动。

(3)杂色渐变　渐变类型包括【实底】与【杂色】两种。前面说的都是【实底】渐变,【杂色】渐变如下。

①选择杂色渐变　在【渐变编辑器】对话框的【渐变类型】下拉框中选择【杂色】选项,如图2.191所示,即可看到渐变条上没有色标,取而代之的是颜色模型选项,共有3种:RGB、HSB和LAB,如图2.192所示。

图2.191　杂色渐变的选择

②调整杂色渐变　选择颜色模式选项后,调整滑杆上的滑块即可。

4)历史记录画笔

【历史记录画笔工具】▇可以将一个图像状态或快照的副本绘制到当前图像窗口中。先利用该工具创建图像的副本或样本,然后再用它来绘画。

图2.192　颜色模型选项

(1)历史记录画笔工具　打开一张素材图片,并对其执行【滤镜】/【滤镜库】/【纹理】/【染色玻璃】滤镜效果。然后打开【历史记录】画板,选择要返回的步骤。最后使用【历史记录画笔工具】▇将其恢复到打开时的状态,如图2.193所示。

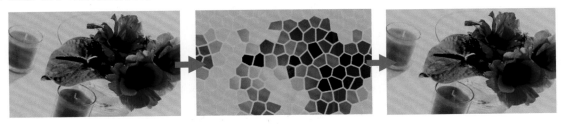

图2.193　历史记录画笔的使用

(2)历史记录艺术画笔工具　【历史记录艺术画笔工具】▇用于指定历史启示状态或快照

作为源数据,以风格化描边进行绘画。通过尝试使用不同的绘画样式、大小和容差选项,可以用不同的色彩和艺术风格模拟绘画的纹理。

　　历史记录画笔通过重新创建指定的源数据来绘画,而【历史记录艺术画笔工具】在使用这些数据的同时,还可以创建不同的颜色,以及设置艺术风格的选项。

　　(3)填充工具　【油漆桶工具】是进行单色填充和图案填充的专用工具,与【填充】命令相似。方法是:选择【油漆桶工具】后,在工具选项栏中,选择【填充区域的源】选项,如图 2.194所示。

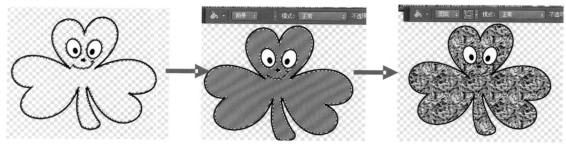

图 2.194　　填充前景色和图案

　　启用工具选项栏中的【所有图层】选项,可编辑多个图层的图像;禁用该选项,则只能编辑当前图层。

5)图章工具

　　在修复图像工具中,【仿制图章工具】和【图案图章工具】都是利用图章工具进行绘画。前者是针对图像中的某一特定区域绘画,后者是针对图案绘画。

　　(1)仿制图章工具　【仿制图章工具】类似于具有扫描和复印功能的多功能工具,能够按涂抹范围复制全部或者部分图像,创建与原图完全相同的图像。

　　操作方法:打开一个图像文件,选择【仿制图章工具】,按住【Alt】键的同时单击图像中需要选择的区域,然后在其他区域涂抹,便可按照取样源的图像复制图像,如图 2.195 所示。

打开的图像　　　　按住【Ait】键拾取　　　　涂抹后的效果

图 2.195　　图章工具的使用

　　当画布中存在两个或两个以上图层时,在工具选项栏中设置【样本】选项为"当前图层",则只能提取当前图层中的图像;当设置【样本】为"所有图层",则按照整个画布中的图像复制;当设置【样本】为"当前和下方图层",则可以从现用图层及其下方的可见图层中取样。

　　(2)【仿制源】面板　【仿制源】面板具有用于仿制图章工具或修复画笔工具的选项。单击【图层】/【仿制源】,可打开【仿制源】面板,如图 2.196 所示。

　　通过面板,可以设置 5 个不同的样本源并快速选择所需样本源,而不用在每次需要更改为不同的样本源时重新取样。启用其他【仿制源】选项,为其他图像取样,从而显示该样本所在文档以及图层的名称。

（3）图案图章工具　【图案图章工具】使用图案进行绘画,图案可从图案库中选择或者自己创建。在其工具选项栏中,启用【印象派效果】选项后,可使仿制的图案产生涂抹混合效果。

6）修复工具

【修复工具】可以把样本像素的纹理、光照、透明度和阴影与所修复的像素相匹配。其工具组包括5个工具,如图2.197所示。

图2.196　仿制源面板　　　　　图2.197　修复工具组

（1）污点修复画笔工具　可快速移去画面中的污点和不理想的部分。它使用图像中的样本像素绘画,并将样本像素的纹理、光照、透明度和阴影与所修复的像素相匹配,自动从修饰区域的周围取样。

（2）修复画笔工具　用于修正图像中的瑕疵。该工具同【污点修复画笔工具】不同的是,要先定义图像中的样本像素,然后将样本像素的纹理、光照、透明度和阴影与所修复的像素进行匹配。取样方法和仿制图章工具一样,按住【Alt】键选取。

（3）修补工具　修补图像时,需先创建选区,通过调整选区图像实现修补效果。方法是:选择该工具后,启用工具选项栏中的【源】选项。在瑕疵区域建立选区,单击并拖动至完好区域。释放鼠标,原来选中的区域就被指向的区域像素替换。

如果启用选项栏中的【目标】选项,则操作相反,在"干净"的区域建立选区,拖动选区到有"污渍的部分"覆盖该区域。

禁用【透明】选项,则用目标样本修复源样本;启用【透明】选项,源对象与目标图像生成混合图像。

（4）内容感知移动工具　将通过图层和图章工具修改照片内容的形式给予了最大的简化,操作时只需建立选区,然后通过移动便可随意对景物的位置进行更改。

（5）红眼工具　去除人物照片的红眼。原理是去除图像中的红色像素。操作时选择该工具,用鼠标单击红眼区域即可。

7）减淡、加深和海绵工具

减淡和加深工具是一组对立的工具,基于传统的摄影技术,可使图像区域变亮或变暗。

（1）减淡工具　用于改变图像部分区域的曝光度,使图像变亮。选项栏中的【范围】包括3个选项。不同选择,减淡效果不同。单击【喷枪】按钮对图像进行减淡,在没有释放鼠标之前会一直减淡。如果禁用该功能,单击时便只能减淡一次。

（2）加深工具　用于改变图像部分区域的曝光度,使图像变暗。其选项栏与减淡工具完全一样,只是二者效果相反。

（3）海棉工具　选择【海绵工具】■后,在工具选项栏中设置【绘画模式】为【饱和】,则涂抹后图像像素更加饱满。设置【降低饱和度】,则图像的饱和度减小。可精确地改变图像局部的色彩饱和度。

8）模糊、锐化和涂抹工具

处理图像时,为了使图像主次分明,使用【模糊工具】■和【锐化工具】■。

（1）模糊工具　可柔化硬边缘或减少图像中的细节。原理是降低图像相邻像素之间的反差,使边界区域变得柔和,产生模糊效果。在其工具选项栏中,启用【对所有图层取样】选项,可对所有可见图层中的图像模糊处理;禁用该选项,则只能模糊当前图层中的图像。

> **技巧**:【模糊工具】■选项栏中的【绘画模式】和【强度】选项,分别用来设置模糊的效果与模糊程度。

（2）锐化工具　可增强图像边缘的对比度,以加强外观上的锐化效果。在同一位置绘制的次数越多,锐化效果越明显。但该工具不能使模糊的图像变清晰,只能在一定程度上恢复图像的清晰度。因为图像在首次被模糊后,像素已重新分布,原来颜色之间互相融入形成新颜色,不可能再从中分离出原来颜色。

（3）涂抹工具　模拟手指拖过湿油漆的效果,可拾取描边开始位置的颜色,并沿拖动的方向展开。启用该工具选项栏中的【手指绘画】选项,可将前景色添加到每次涂抹之处。禁用该选项,该工具则使用每次涂抹处指针所指的颜色进行绘制。

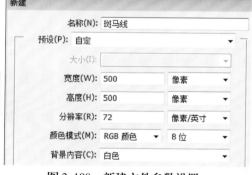

图 2.198　新建文件参数设置

实例1　制作公路上的斑马线

①新建文件,参数设置如图 2.198 所示。

②为画布填充灰色(#333232),然后执行【滤镜】/【杂色】/【添加杂色】命令,设置参数如图 2.199 所示,制作马路效果。

③使用【矩形选框工具】■在马路上绘制斑马线的矩形框,新建一个图层,并填充白色,如图 2.200 所示。

图 2.199　参数设置

图 2.200　矩形选框并填充

④复制多条相同的白线,效果如图 2.201 所示。

⑤合并所有的白线图层,并设置图层混合模式为【叠加】,效果如图 2.202 所示。

⑥使用【橡皮擦工具】■,选择一个形状,如图 2.203 所示,制作出斑马线真实的状态,最终效果如图 2.204 所示。

图2.201　复制白线

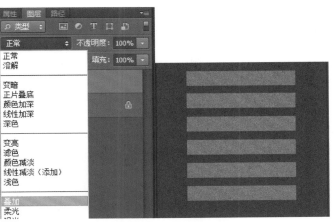

图2.202　【叠加】及效果

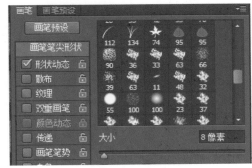

图2.203　选择形状

图2.204　最终效果

实例2　直接绘制法绘制草地

直接用 Photoshop 画草比较麻烦,在 Photoshop 中有一些自带的功能,利用这些功能不但方便,还可减少很多步骤。

①打开 Photoshop,在文件中新建一个 500×500 dpi 的背景图。参数设置如图2.205 所示。

②设置背景色为绿色(#46dc0a),如图2.206 所示。

图2.205　新建文件参数设置

图2.206　背景色为绿色

③选择工具栏中的【橡皮擦工具】,选择【画笔】栏下的小草,并设置参数,如图2.207所示。

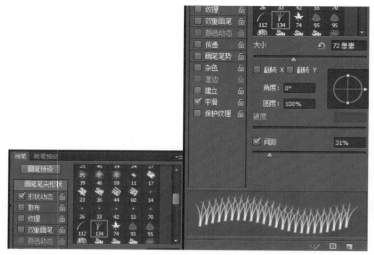

图 2.207　参数设置

④按住鼠标左键不放,在图层中单击,绘制的小草如图 2.208 所示。

图 2.208　小草效果

实例 3　滤镜转换法绘制草地

①新建一个文件,800 像素高,800 像素宽,如图 2.209 所示。

②设置前景色为浅绿色(#61f73e),背景色为深绿色(#143702),选择【滤镜】/【渲染】/【纤维】,设置参数如图 2.210 所示,效果如图 2.211 所示。

③选择【滤镜】/【风格化】/【风】,在打开的对话框中选择【飓风】,单击【确定】按钮,效果如图 2.212 所示。

④选择【图像】/【旋转画布】/【90 度(顺时针)】,效果如图 2.213 所示。

⑤在图层面板中,复制一个图层,应用【正片叠底】的效果,并修改上一层的不透明度为 50%,如图 2.214 所示,最终效果如图 2.215 所示。

图2.209 新建文件参数设置　　　　图2.210 参数设置　　　　图2.211 【纤维】效果

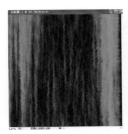 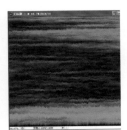 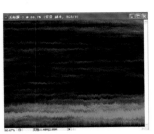

图2.212 【飓风】效果　图2.213 旋转画布　图2.214 修改图层属性　图2.215 最终效果

实例4　直接绘制法绘制树木

①新建一个文件,800 像素高,1 000 像素宽,在名称输入框中输入"手绘树"名称,设置背景内容为"白色",如图2.216 所示。

图2.216 新建文件参数设置

②绘制树干。选择画笔工具,设置参数如图2.217 所示。

图2.217 参数设置

③按【Ctrl + Shit + N】组合键,新建一个图层,命名为"树干"图层。

④设置前景色为灰色,色值参考为# 565656,首先绘制树干,如图2.218 所示。

⑤按【Ctrl + Shit + N】组合键,新建一个图层,命名为"树干填充"图层,设置前景色为褐色(# 75644d),使用魔棒工具将树干部分选取,按【Alt + Delete】快捷键,快速填充前景色,如图2.219 所示。

⑥绘制树冠。按【Ctrl + Shit + N】组合键,新建一个图层,命名为"树冠"图层,使用画笔工具 绘制如图 2.220 所示的封闭曲线。

⑦设置前景色为绿色(# 0e5e13),使用魔棒工具 将树冠部分选取,按【Alt + Delete】快捷键,快速填充前景色,如图 2.221 所示。

图 2.218 绘制树干

图 2.219 填充前景色

图 2.220 封闭的曲线

图 2.221 填充绿色

⑧制作树木高光和阴影。使用套索工具 ,建立如图 2.222 所示的选区,按【Ctrl + J】快捷键复制一层至新的图层,并命名为"树冠高光"图层。

⑨按【Ctrl + M】快捷键,快速打开曲线调整对话框,调整曲线如图 2.223 所示,树冠部分得到如图 2.224 所示的高光效果。

图 2.222 绘制选区

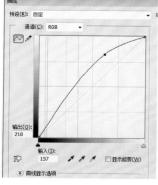

图 2.223 调整曲线

图 2.224 树冠高光效果

⑩用同样的方法制作树木的阴影部分,切换到"树冠"图层,使用套索工具 ,建立如图 2.225所示的选区,按【Ctrl + J】快捷键复制一层至新的图层,并命名为"树冠阴影"图层。

⑪按【Ctrl + M】快捷键,快速打开曲线调整对话框,调整曲线如图 2.226 所示,树冠部分得到如图 2.227 所示的阴影效果。

图 2.225 建立选区

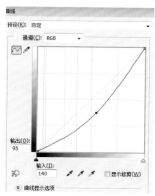

图 2.226 调整曲线

图 2.227 树冠阴影效果

至此,树木的明、暗、灰 3 个面就基本确定。

⑫添加树叶。新建一个名为"叶子"的图层,然后选择树叶形状的画笔,画笔参数设置如图 2.228 所示。

图 2.228 画笔参数设置

⑬设置前景色为浅绿色(#8bc804),在树冠的高光部分单击鼠标,注意树叶的疏密分布,得到如图 2.229 所示的效果。

⑭用同样的方法绘制中间调和阴影部分的树叶,结果如图 2.230 所示。

图 2.229 添加树叶

图 2.230 中间调和阴影部分的树叶

⑮选择"树冠"图层,按住 Ctrl 键单击图层缩览图,将树冠全部选中,然后按【Ctrl + Shit + I】组合键反选选区,然后在叶子图层将多余的树叶删除,效果如图 2.231 所示。

⑯如果隐藏"树冠""树冠高光"和"树冠阴影"图层,便得到如图 2.232 所示的具有镂空效果的树木。可以根据实际需要进行选择。

图 2.231 树木效果

图 2.232 镂空效果的树木

实例 5 绘制云彩

①新建一个文件,400 像素高,400 像素宽,如图 2.233 所示。

②设置前景色为浅蓝色(#81c1e9)、背景色为深蓝色(#2785da),然后实施线性渐变,由下至上垂直拉制,背景如图 2.234 所示。

③选择画笔工具,按 F5 进入笔刷调板,激活【画笔笔尖形状】选项卡,选择笔尖类型为柔

角、大小为 100 Px，间距 25%，如图 2.235 所示。

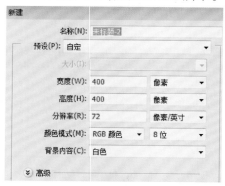

图 2.233　新建文件参数设置　　　　　图 2.234　渐变效果

④激活【形状动态】选项卡，设置大小抖动为 100%，最小
直径为 20%，角度抖动 20%，如图 2.236 所示。

⑤激活【散布】选项卡，设置两轴为 120%，数量为 5，数量
抖动为 100%，如图 2.237 所示。

⑥激活【纹理】选项卡，设置图样为云彩（128 × 128 灰
度），缩放为 100%，模式为颜色加深，深度为 100%，如图2.238
所示。

⑦激活【传递】选项卡，设置不透明度抖动 50%，流量抖动
20%，按制为铅笔压力，如图2.239所示。

⑧新建一个图层，设置前景色为白色，笔刷上色。画上自
己喜欢的云彩图案，完成绘制，如图 2.240 所示。

图 2.235　【画笔笔尖】参数设置

图 2.236　【形状动态】参数设置　　　图 2.237　【散布】参数设置　　　图 2.238　【纹理】参数设置

图2.239　【传递】参数设置

图2.240　绘制的云彩

2.5　文字编辑

文字功能可为图像添加各种复杂的文字效果。可使用各种字体,随意输入文字、字母、数字或符号等,也可对文字进行自由缩放、变形、调整字距等操作。

2.5.1　文字工具的基本操作

Photoshop中共有4种文本处理工具,如图2.241所示。

1)创建横排或直排文字

输入和复制文本,均需切换到文本工具。文本显示方式有横排、直排两种。选择【横排文字工具】T 或【直排文字工具】T,然后在画布中单击即可输入横排或直排文字。完成后,按【Ctrl+Enter】快捷键便可退出文本输入状态。文本的颜色由【前景色】决定,在输入前和输入后设置均可。

2)创建文字选区

工具箱中的【横排文字蒙版工具】和【直排文字蒙版工具】可以创建文字型选区,创建方法和文字的创建方法相同。得到文字选区后,和普通选区一样,可进行各种操作。

2.5.2　文字调板及其他

1)【字符】调板

选择文本后,虽然可在文本工具选项栏中设置属性,但是选项有限。在【字符】面板里可全面设置,单击主菜单中的【窗口】/【字符】命令,便可打开【字符】面板,如图2.242所示。能够设置字体系列与大小、行距、文字比例、字距、字体样式、基线偏移、文字方向、消除锯齿等。

技巧: 选中文字,在按住【Alt】键的同时配合使用上、下、左、右方向键可调整文字的字间距和行距。如果手动指定了行距,在更改字号后一般也要再次指定行距,如果间距设置过小会造成重叠,下一行文字将遮盖上一行。

2)【段落】调板

如果文字内容编辑量大,就需要针对段落文本设置,以控制文字对齐方式、段落与段落之间的距离等。单击主菜单中的【窗口】/【段落】命令,便可打开【段落】面板,如图2.243所示。

图2.241　文本处理工具

图2.242　【字符】面板

图2.243　【段落】面板

在【段落】调板中可创建文本框、设置段落文本对齐方式、设置段落微调等。

提示: 将使用文字工具直接输入的文本称为点文本;在文本框中输入的文本称为段落文本。执行【图层】/【文字】/【转换为点文本】命令或【图层】/【文字】/【转换为段落文本】命令可将点文本与段落文本互相转换。

3)更改文字外观

通过变形文字,将文本转为路径后制作出特殊效果能为文本添加更多美感。

(1)更改文字方向　文字的方向可以在创建前、创建中和创建后随时调整。当文字图层垂直时,文字行上下排列;当文字图层水平时,文字行左右排列。更改文字方向的方法是:选中文本后单击选项栏中的【更改文本方向】按钮,如果当前编辑的是英文,可在【字符】调板的菜单中选择【标准垂直罗马对齐方式】命令,如图2.244所示。

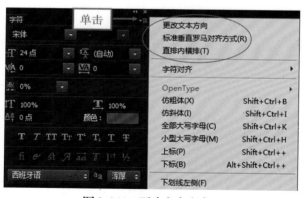

图2.244　更改文字方向

(2)为文字添加变形　使用【创建变形文字】命令可使文字产生各种变形效果。选择的变形样式将作为文字图层的一个属性,可随时更改。如果要制作多种文字变形混合的效果,可以通过将文字输入不同的文字图层,然后使用分别设定变形的方法来实现。

注意: 当对文字图层中的文字执行了【仿粗体】命令时,不能使用【创建文字变形】命令。

(3)将文本转换为路径　要想在不改变文本属性的前提下改变形状,只有使用【创建文字

变形】 命令。若要在改变文字形状的同时,保留图形清晰度,则需要将文本转换为路径。方法是:选中文字图层,执行【文字】/【转换为形状】命令,将文字图层转换为形状图层。这时,通过【直接选择工具】即可。

4)其他选项

在编辑文字时还可以使用其他命令,如【拼写与检查】、【查找与替换】、【格式化文字】命令等。

(1)拼写与检查 Photoshop 与 Word 一样具有拼写检查功能。在编辑大量文本时可拼写检查。方法是:选择文本,然后执行【编辑】/【拼写检查】命令,在弹出的对话框中进行设置。

(2)查找与替换 【查找与替换】命令也与 Word 中的类似。在确认选中文本图层的前提下,执行【编辑】/【查找和替换文本】命令,打开【查找和替换文本】对话框,在该对话框中输入要查找的内容。单击【查找下一个】按钮,单击【更改全部】按钮即可全部替换。

> **技巧**:如果要对图像中所有文本图层进行查找和替换,可在【查找和替换文本】对话框中启用【搜索所有图层】选项。

(3)栅格化文字 对文字执行滤镜或剪切时,必须将文字栅格化才能继续编辑。方法是:右击文本图层,在弹出的快捷菜单中选择【栅格化文字】命令即可。栅格化的文字在【图层】面板中将以普通图层的方式显示。

(4)文字首选项设置 选择字体时,可以在其后面看到字体样式。单击【编辑】/【首选项】/【文字】命令,在打开的【文字】对话框中可以设置【字体预览大小】选项。选择字体时可方便地查看。

在【首选项】对话框中,对于文字选项,可以设置文字的显示方式,而且还可以设置字体预览的大小。以英文显示字体名称。

如果发现字体菜单中的字体名称全部呈英文显示,不要担心是系统出了问题。利用 Photoshop 的【首选项】对话框可以解决这个问题。

实例1 绘制路径文字

①单击【文件】/【打开】命令,打开"随书光盘/第 2 章素材/枫叶 . jpg"文件,如图 2.245 所示。

②使用【钢笔工具】 在画面上画出一条路径,如图 2.246 所示。

图 2.245 打开的文件   图 2.246 绘制的路径

③选择【文字工具】,设置文字的工具选项栏,如图 2.247 所示。

图 2.247 文字工具选项栏设置

④将光标置于路径左端,单击鼠标左键,光标在路径上闪烁时,输入文字"霜叶红于二月花",注意是打一字点一下空格键,效果如图2.248所示。文字便可绕路径编排。

图2.248　最终结果

实例 2　制作水中字体

①按【Ctrl + N】键,创建一个文档,大小设置如图2.249所示。填充蓝色(# 17CBFF),如图2.250所示。

②单击【画笔工具】按钮 。设置画笔【大小】为400、【硬度】为0、【不透明度】为30%,颜色为蓝色(# 0499E6)。然后在画框的两边以及下方画出一些暗部,如图2.251所示。

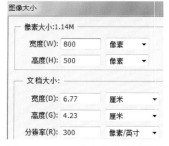

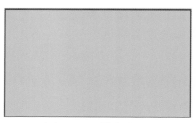

| 图2.249　新建文件参数设置 | 图2.250　填充蓝色 | 图2.251　绘制暗部 |

③单击【横排文字工具】按钮 ,在工具选项栏设置颜色为蓝色(# 0497e5),大小为60点,字体可自定,如图2.252所示。然后输入文字"海洋",如图2.253所示。

图2.252　文字属性设置

④拖动"海洋"图层到 按钮上,复制一个"海洋副本",单击 按钮在工具选项栏中修改其颜色为深蓝色(# 084DA2),然后使用【移动工具】 往右下方移动一点形成阴影,效果如图2.254所示。

⑤双击"海洋"图层,在打开的【图层样式】对话框中添加混合模式为【外发光】,参数设置如图2.255所示。效果如图2.256所示。

图 2.253　文字设置

图 2.254　文字阴影

图 2.255　参数设置

⑥在"海洋"图层上单击鼠标右键,选择【栅格化图层】,然后使用【矩形选框工具】▣框选"海"字,如图 2.257 所示。

图 2.256　外发光效果

图 2.257　框选"海"字

⑦按【Ctrl + X】键剪切,再按【Ctrl + C】键粘贴,将两个字分开为两个图层,分别修改图层名为"海"和"洋"。

⑧双击"海"图层,为其添加图层样式,参数设置如图2.258所示,效果如图 2.259 所示。

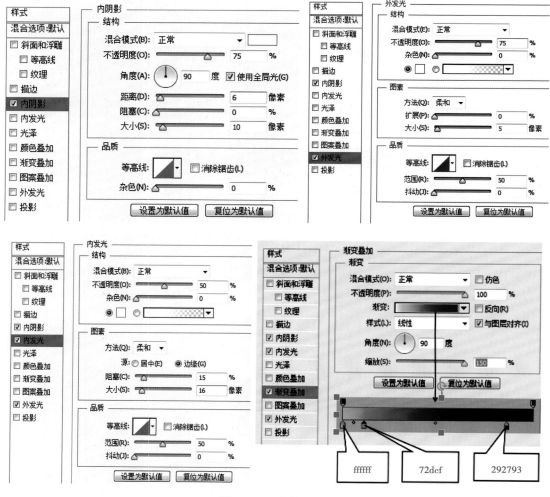

图 2.258   参数设置

⑨在"海"图层上单击鼠标右键,在弹出的菜单中选择【复制图层样式】,然后在"洋"图层上再单击鼠标右键,选择【粘贴图层样式】,效果如图 2.260 所示。

图 2.259   文字结果

图 2.260   复制图层样式

⑩双击"洋"图层,添加【光泽】图层样式,参数设置如图 2.261 所示。结果比原来暗了一点,更具立体感,如图 2.262 所示。

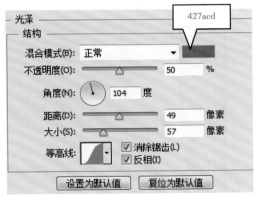

图2.261　参数设置　　　　　　　　　图2.262　添加图层样式

⑪接下来制作文字上的光泽。栅格化"海洋副本"图层,把这两个字也分开,分别和"海""洋"图层并合,仍然命名为"海"和"洋"。在"海"图层上面新建一个名为"光泽"的图层,使用【椭圆选框工具】○创建选区,如图2.263所示。

⑫填充白色。在图层面板中设置"光泽"图层的【填充】为0,如图2.264所示。双击此图层,添加图层样式,参数设置如图2.265所示。单击【确定】按钮,效果如图2.266所示。

图2.263　椭圆形选区　　　　　　　　图2.264　"光泽"图层设置

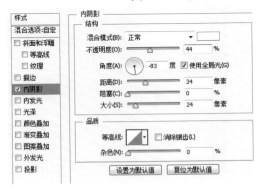

图2.265　参数设置　　　　　　　　　图2.266　图层样式结果

⑬按【Ctrl+D】去掉选区,按住【Ctrl】键的同时单击"海"图层的【图层缩览图】,调出海字选区,如图2.267所示。

⑭执行【选择】/【反向】(快捷键是【Shift+Ctrl+I】)命令,确认"光泽"图层置于当前,按【Delete】键删除,按【Ctrl+D】键取消选区,效果如图2.268所示。

⑮使用相同的方法制作"洋"字,效果如图 2.269 所示。

图 2.267   "海"字选区   图 2.268   "海"字效果   图 2.269   "洋"字效果

⑯添加气泡。新建一个图层命名为"气泡",使用【椭圆选框工具】 ，按住【Shift】绘制正圆选区如图 2.270 所示。填充为白色,【填充】设置为 0,添加【图层样式】,参数设置如图 2.271 所示,效果如图 2.272 所示。

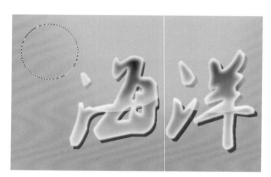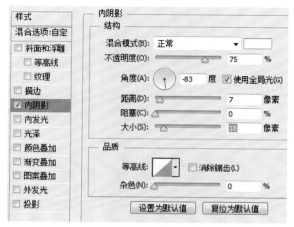

图 2.270   圆形选区   图 2.271   参数设置

⑰在"气泡"图层上面再新建一个图层,绘制圆形选区,如图 2.273 所示。

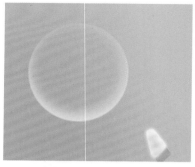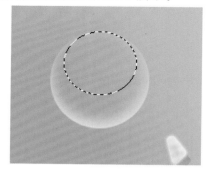

图 2.272   图形结果   图 2.273   圆形选区

⑱填充白色,【填充】仍然设置为 0。添加【图层样式】,参数设置如图 2.274 所示。按【Ctrl + D】键去掉选区,效果如图 2.275 所示。

⑲合并这两个图层,多复制几个,然后变大变小,随机摆放即可,最终效果如图 2.276 所示。

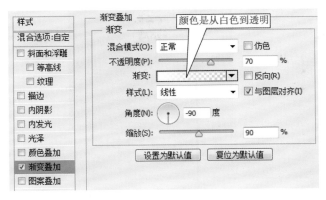

图 2.274   参数设置

图 2.275   图形结果

图 2.276   最终效果

实例 3   制作浮雕效果的文字特效

①按【Ctrl + N】键,创建一个文档,参数设置如图 2.277 所示。

②设置前景色为#16252d,背景色为#2a3b42,执行【滤镜】/【渲染】/【云彩】,效果如图2.278所示。

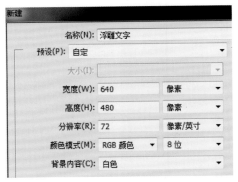

图 2.277   新建文件参数设置

图 2.278   【云彩】结果

③执行【滤镜】/【杂色】/【添加杂色】命令,在弹出的【添加杂色】对话框中设置参数如图2.279所示。单击【确定】按钮,效果如图 2.280 所示。

④单击工具箱中的【横排文字工具】█,在工具选项栏中设置属性如图 2.281 所示。然后输入汉字"桐庭多落叶,慨然知已秋",如图 2.282 所示。

⑤双击文字图层,进入图层样式,分别勾选内阴影、外发光、斜面与浮雕、颜色叠加、渐变叠加选项,如图 2.283 所示。

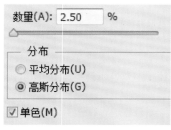

图 2.279   参数设置

图 2.280   【添加杂色】效果

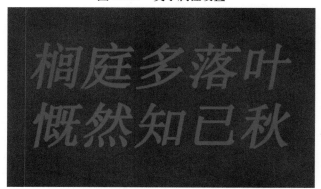

#34515b

图 2.281   文字属性设置

图 2.282   输入文字

图 2.283   添加的图层样式

⑥分别设置储选项的参数,如图 2.284 所示。最终效果如图 2.285 所示。

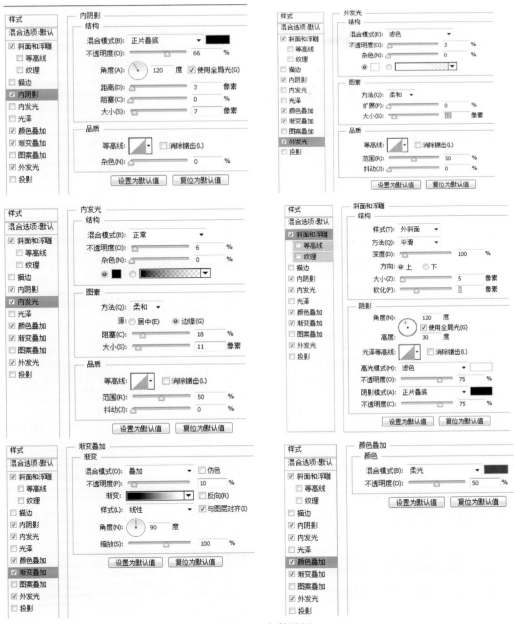

图 2.284   参数设置

图 2.285   最终效果

2.6　颜色和色调调整

要将众多的配景素材与建筑图像进行自然、和谐的合成,统一整体颜色和色调是关键。效果图常用的图像调整命令包括【色阶】、【曲线】、【色彩平衡】、【亮度/对比度】、【色相/饱和度】等,在【图像】/【调整】级联菜单中可以分别选择各个调整命令。

2.6.1　颜色和色调调整命令

1)色阶

【色阶】命令通过调整图像的阴影、中间色调和高光的强度级别,来校正图像的色调范围和色彩平衡。【色阶】命令常用于修正曝光不足或过度的图像,同时也可对图像的对比度进行调节。

在调整图像色阶之前,首先应仔细观看图像的"山"状像素分布图,"山"高的地方表示此色阶处的像素较多,相反,表示像素较少。

如果"山"分布在右边,说明图像的亮部较多;"山"分布在左边,说明有图像的暗部较多;"山"分布在中间,说明图像的中色调较多,缺少色彩和明暗对比。

执行【图像】/【调整】/【色阶】命令,或按下【Ctrl + L】键,可以打开【色阶】对话框,如图2.286所示。

2)曲线

与色阶命令类似,【曲线】命令也可以调整图像的整个色调范围,不同的是:【曲线】命令不是使用3个变量(高光、阴影、中间色调)进行调整,而是使用调节曲线,它可以最多添加14个控制点,因而曲线工具调整更为精确、更为细致。

执行【图像】/【调整】/【曲线】命令,或按下【Ctrl + M】键,可以打开【曲线】对话框,如图2.287所示。

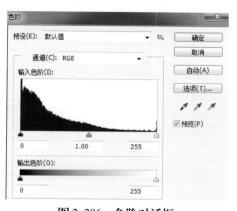

图2.286　色阶对话框

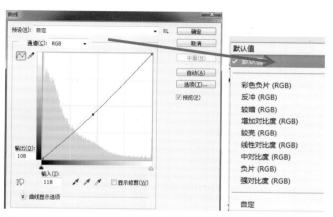

图2.287　曲线对话框

对于较暗的图像,可以将控制曲线向上弯曲,图像亮部层次被压缩,暗调层次被拉开,整个

画面亮度提高。这种曲线适合调整画面偏暗,亮部缺乏层次变化的图像,曲线如图2.288所示。

对于较亮的图像,可以将控制曲线向下弯曲,图像的暗调分布层次被压缩,亮调层次被拉开,整个画面亮度下降。这种曲线适合调整画面偏亮,暗部缺乏层次变化的图像,曲线如图2.289所示。

图2.288　曲线调整形状　　　　　　　图2.289　曲线调整形状

对于画面较灰,缺乏明暗对比的图像,可以将控制曲线调整成如图所示的形状,拉开图像中间层次,使整个画面对比度加强,反差加大,曲线如图2.290所示。

3)色彩平衡

【色彩平衡】命令根据颜色互补的原理,通过添加或减少互补色以改变图像的色彩平衡。例如,可以通过为图像增加红色或黄色使图像偏暖,当然也可以通过为图像增加蓝色或青色使图像偏冷。

执行【图像】/【调整】/【色彩平衡】命令,或按下【Ctrl＋B】键,可以打开【色彩平衡】对话框,如图2.291所示。

图2.290　曲线调整形状　　　　　　　图2.291　色彩平衡对话框

2.6.2　使用调整图层

所谓调整图层,实际上就是用图层的形式保存颜色和色调调整,方便以后重新修改调整参数。添加调整图层时,会自动添加一个图层蒙版,以方便控制调整图层作用的范围和区域。调整图层除了有部分调整命令的功能外,还有图层的一些特征,如不透明度、混合模式等。改变不透明度可以改变调整图层的作用程度,当然也可以双击图标,弹出图像调整命令对话框,直接改变调整参数。调整图层的使用操作步骤如下:

①按【Ctrl＋O】键,打开"随书光盘/第2章素材/场景.jpg"文件,如图2.292所示。

②单击图层面板上的❷按钮,在打开的菜单中选择【色彩平衡】命令,如图2.293所示。

图2.292　打开的场景文件　　　　　　　　　　　图2.293　【色彩平衡】命令

③在打开的【色彩平衡】对话框中,设置参数如图 2.294 所示。随即在图层面板中出现了一个"色彩平衡 1"调整层,如图 2.295 所示。

图2.294　设置参数　　　　　　　　　　图2.295　出现调整图层

④执行【图层】/【新建调整图层】/【曲线】命令,单击【确定】按钮,打开【曲线】对话框,选择"蓝"色通道,将曲线向上弯曲,加强图像蓝色成分,如图 2.296 所示。

图2.296　调整曲线

⑤添加"曲线"调整图层后,整个图像的蓝色都得到了加强,因此需要使用画笔工具编辑图层蒙版,消除该调整图层对楼体的影响。单击"曲线 1"调整图层蒙版缩览图,进入图层蒙版编辑模式,选择【画笔工具】███,设置前景色为黑色,设置其【不透明度】为 50%,在建筑楼体上涂抹,效果如图 2.297 所示。

图 2.297　最终效果

实战篇

3 园林二维效果图实战

园林二维效果图包括平面效果图和立面效果图。可以直接在 AutoCAD 绘制的二维线框图或者二维平、立面图片的基础之上制作,具有制作速度快的优点。在建筑平、立面图中可以使用很多的建筑表现元素,如墙砖材质、真实的配景、光线投影等,因而效果真实、逼真,在建筑方案投标中应用广泛,添加配景后的最终效果可逼近 3ds max 制作的建筑透视效果图。

实战 1 园林 PS 分析图制作

①执行【文件】/【打开】命令,打开"随书光盘/素材/第 3 章素材/园林平面图/园林平面图 . jpg"文件,如图 3.1 所示。

②绘制主干道线。首先创建方形的画笔,新建一个图层,使用【矩形选框工具】▣画一个矩形,如图 3.2 所示。然后填充蓝色(#1c05fa),如图 3.3 所示。

③执行【编辑】/【定义画笔预设】命令,定义画笔。按【Ctrl + D】键取消选区,并删除这个图层。

图 3.1 打开的文件

图 3.2 矩形选区

图 3.3 填充蓝色

④单击【画笔工具】✐按钮,选择刚才定义的画笔,然后单击工具选项栏上的【切换画笔面板】▤按钮,调整直径和间隔的大小,设置如图 3.4 所示。

⑤单击【钢笔工具】✐按钮,绘制一条垂直的路径,如图 3.5 所示。为了修改方便,新建一个图层,命名为"主干道",仍然在使用钢笔工具的情况下,单击鼠标右键,在弹出的菜单中选择【描边路径】,设置如图 3.6 所示。删除路径,效果如图 3.7 所示。

⑥绘制次干道线。方法和上面相同。定义画笔、填充色为梅粉色(#a40ed5),画笔大小如图 3.8 所示。

⑦画笔参数设置如图 3.9 所示。

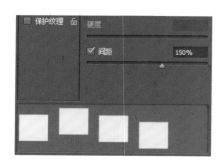

图 3.4　画笔设置

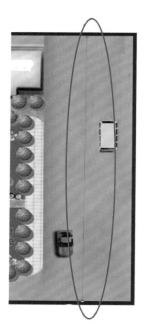

图 3.5　绘制的路径

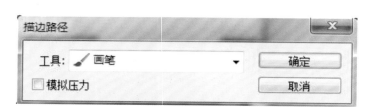

图 3.6　描边路径设置

图 3.7　绘制效果

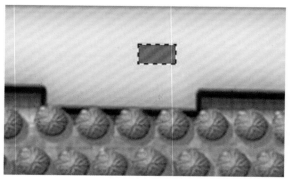

图 3.8　画笔大小

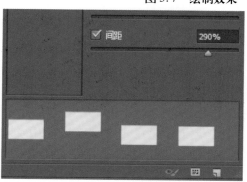

图 3.9　参数设置

⑧钢笔路径和描边路径如图 3.10、图 3.11、图 3.12 所示。

图 3.10　钢笔路径

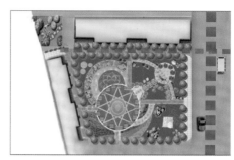

图 3.11　描边路径

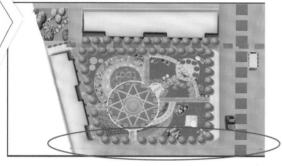

图 3.12　钢笔路径

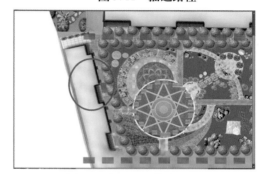

图 3.13　画笔形状和大小

⑨倾斜的道路,重新绘制选区,填充颜色,定义画笔,如图 3.13 所示。

⑩绘制路径、设置画笔效果如图 3.14、图 3.15 和图 3.16 所示。

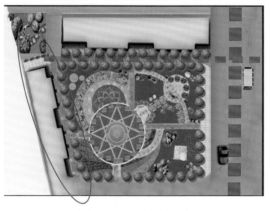

图 3.14　绘制的路径

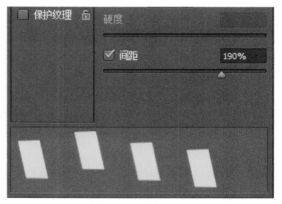

图 3.15　设置画笔

⑪添加箭头,处理交接的地方,同时把"次干道"图层放在"主干道"图层的下面,如图 3.17 所示。

⑫用和上面相同的方法制作"主园路""次园路"和"主景观节点",如图 3.18、图 3.19 和图 3.20 所示。

图 3.16　绘制结果

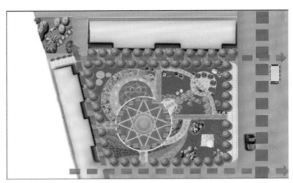

图 3.17　箭头和图层顺序

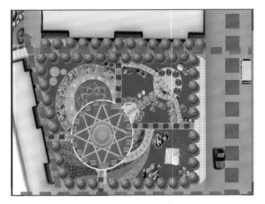

图 3.18　主园路

图 3.19　次园路

⑬在左下角添加图例标记和文字说明,最终效果如图 3.21 所示。

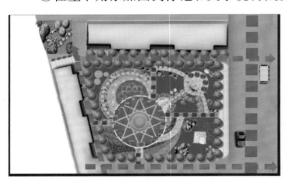

图 3.20　主景观节点

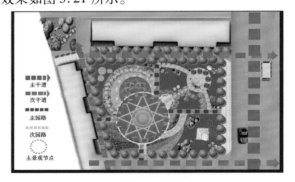

图 3.21　最终效果

注意:圆的路径可用选框工具画圆,然后单击鼠标右键转换为工具路径。

实战 2　平面效果图制作——制作某单位平面效果图

①执行【文件】/【打开】命令,打开"随书光盘/素材/第 3 章素材/单位平面效果图/单位平面 CAD 线稿.bmp"文件(提示:制作这个效果图下面用到的所有素材均在此文件夹中),如图

3.22所示。

②双击背景层上的"锁头"图标,在【新建图层】对话框的【名称】后面输入"线框",单击【确定】按钮,即背景层变成了名为"线框"的普通图层。

③使用【魔棒工具】,在图中主路的位置单击,创建选区如图3.23所示。执行【选择】/【修改】/【扩展】命令,在打开的【扩展选区】对话框中设置【扩展量】为3像素,单击【确定】按钮。

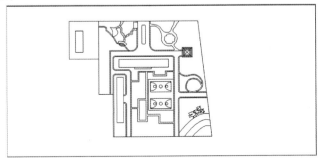

图3.22　打开的文件

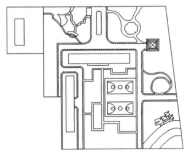

图3.23　主路选区

④新建一个图层命名为"主路",设置前景色为深灰色(#565151),背景色为浅灰色(#6f6d6d),单击【渐变工具】,在选区内拖动鼠标进行线性渐变,从左上角向右下角拖动鼠标,实施从前景色到背景色的线性渐变,效果如图3.24所示。

⑤按【Ctrl + D】键去掉选区。激活"线框"图层,为了选取方便,隐藏"主路"图层,使用【魔棒工具】,创建人行道选区,如图3.25所示。

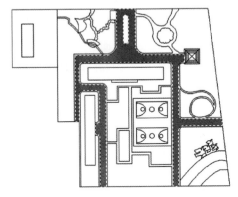

图3.24　渐变填充

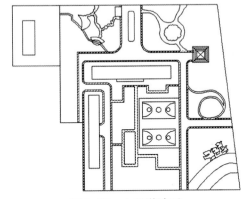

图3.25　人行道选区

⑥执行【选择】/【修改】/【扩展】命令,在打开的【扩展选区】对话框中设置【扩展量】为3像素,单击【确定】按钮。

⑦打开素材"地砖02.jpg"文件,如图3.26所示。执行【编辑】/【定义图案】命令,将其定义为名为"地砖"的图案。

⑧在"主路"图层的上方新建一个图层,命名为"人行道"。按【Alt + Delete】键填充前景色,然后双击该图层,添加图层样式,设置如图3.27所示。按【Ctrl + D】键去掉选区,效果如图3.28所示。

图3.26　地砖图案

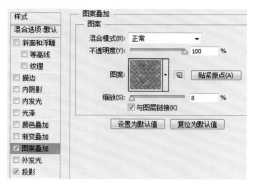

图3.27　图层样式设置

⑨激活"线框"图层，使用【魔棒工具】，选取右侧曲路选区，配合【Alt】键使用其他选区命令去掉多余的选区，然后扩展3像素，如图3.29所示。

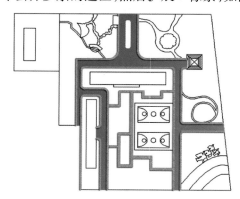

图3.28　人行道

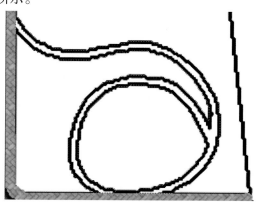

图3.29　曲路选区

⑩新建一个名为"曲路"的图层，和主路填充相同的图案，添加相同的图层样式，去掉选区，效果如图3.30所示。

⑪使用相同的方法制作其他曲路和地面硬化的部分，如图3.31所示。

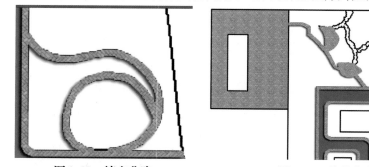

图3.30　填充曲路　　　　**图3.31　其他曲路和地面硬化的部分填充**

⑫制作房屋建筑。激活"线框"图层，使用【魔棒工具】，选取主楼选区，如图3.32所示。

⑬设置前景色为黄色（#bbbf43），新建一个图层，命名为"房顶"，按【Alt + Delete】键填充前景色，按【Ctrl + D】键去掉选区，如图3.33所示。

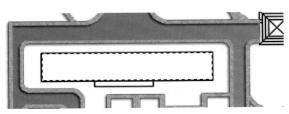

图 3.32　主楼选区

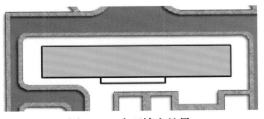

图 3.33　房顶填充结果

⑭使用【多边形套索工具】绘制主楼阴影选区,形状如图 3.34 所示。

⑮在"房顶"图层的上面创建一个新图层,命名为"阴影"。设置前景色为黑色,按【Alt + Delete】键填充黑色,然后把该图层的【不透明度】调整为 60% ,按【Ctrl + D】键去掉选区,效果如图 3.35 所示。

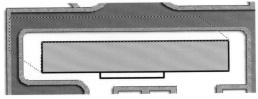

图 3.34　主楼阴影选区

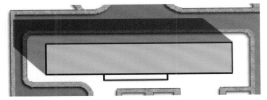

图 3.35　房顶阴影

⑯用相同的方法,制作其他建筑效果,如图 3.36 所示。合并所有房顶和阴影图层,命名为"房顶和阴影"。

⑰制作篮球场地。激活"线框"图层,使用【矩形选框工具】,选取篮球场地选区,如图 3.37所示。

⑱打开素材"塑胶 02"文件,如图 3.38 所示。按【Ctrl + A】键全选,按【Ctrl + C】键复制,关闭这个文件。执行【编辑】/【选择性粘贴】/【贴入】命令,生成蒙版图层,将其命名为"红塑胶",按【Ctrl + T】键调整到合适的大小,回车,如图 3.39 所示。

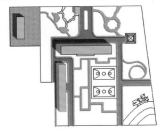

图 3.36　所有房顶和阴影

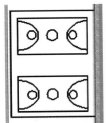

图 3.37　篮球场地选区

图 3.38　塑胶素材

⑲按住【Ctrl】键的同时用鼠标点击【图层蒙版缩览图】,调出蒙版内的选区,执行【选择】/【反向】命令,按【Delete】键删除边缘。

⑳按住【Ctrl】键的同时用鼠标点击【图层缩览图】,调出图形选区,执行【编辑】/【描边】命令,对其描白边,参数设置如图 3.40 所示。按【Ctrl + D】键去掉选区,效果如图 3.41 所示。

㉑使用素材"塑胶 03"和"塑胶 02",用和上面类似的方法,参数根据实际情况自己确定,完成两个篮球场地的全部制作,如图 3.42 所示。

图 3.39   贴入红塑胶

图 3.40   参数设置

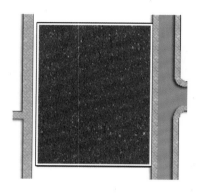

图 3.41   描边效果

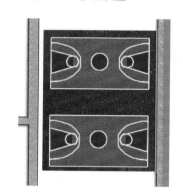

图 3.42   两个篮球场

㉒打开素材"石板 02"文件,如图 3.43 所示。使用【多边形套索工具】选择一块石板,如图 3.44 所示。使用【移动工具】将其拖拽至文件中,复制 26 个,按线框图的位置摆放,然后合并这 27 个图层,命名为"石板路",效果如图 3.45 所示。

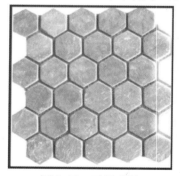

图 3.43   石板素材

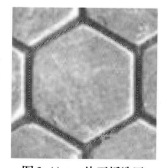

图 3.44   一块石板选区

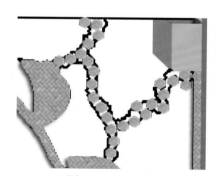

图 3.45   石板路

㉓打开素材"喷泉平面图.jpg"文件,使用【椭圆选框工具】按照喷泉的边缘绘制圆形选区,如图 3.46 所示。使用【移动工具】将其拖拽至文件中,按【Ctrl】键调出选区,新建一个图层,执行【编辑】/【描边】命令,设置描边颜色为白色,宽度为 8 像素,位置居外。合并新图层和喷泉图层,命名为"喷泉",为"喷泉"图层添加【投影】图层样式,效果如图 3.47 所示。

㉔打开素材"花架.jpg"文件,如图 3.48 所示。

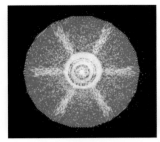

图 3.46   圆形选区   图 3.47   喷泉效果   图 3.48   花架素材

㉕把花架抠图后,拖入文件中,命名为"花架"。先执行【Ctrl + T】键命令调整大小;再执行【编辑】/【变换】/【变形】命令,改变形状,双击"花架"图层添加【图层样式】,设置如图 3.49 所示,效果如图 3.50 所示。

㉖制作植物模纹。激活"线框"图层,用魔棒工具选择"鸽子"选区,如图 3.51 所示。

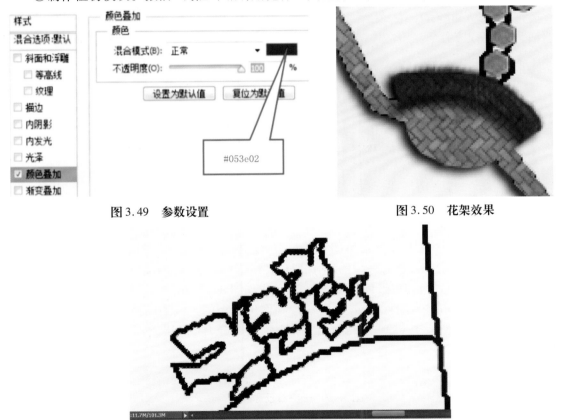

图 3.49   参数设置   图 3.50   花架效果

图 3.51   "鸽子"选区

㉗新建一个图层命名为"鸽子",设置前景色为梅粉色(#e60ef4),填充。执行【滤镜】/【滤镜库】/【纹理】/【颗粒】命令,设置参数如图 3.52 所示,效果如图 3.53 所示。

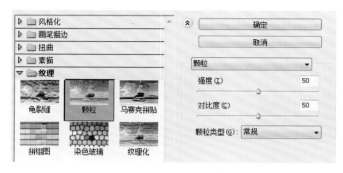

图 3.52　参数设置　　　　　　　　　　图 3.53　"鸽子"效果

㉘打开素材"亭01.jpg"文件,选取后拖入,命名为"亭",放到指定的位置,添加【图层样式】的【投影】,如图3.54所示。

㉙制作草地。使用【多边形套索工具】绘制整个地块区域,如图3.55所示。

㉚打开素材"草坪04.jpg"文件,按【Ctrl+A】、【Ctrl+C】键,关闭此文件。执行【编辑】/【选择性粘贴】/【贴入】命令,命名为"草坪",并将其放在"线框"图层的上方。使用【Ctrl+T】键自由变换大小,如图3.56所示。

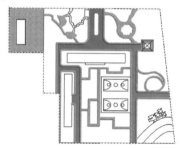

图 3.54　亭效果　　　　　图 3.55　整个地块选区　　　　　图 3.56　贴入草坪

㉛按【Ctrl】键点击【图层蒙版缩览图】,调出草坪选区。在"草坪"图层的上方,新建一个名为"渐变"的图层,设置前景色为墨绿色(#1c451f),背景色为浅绿色(#c2f5bf),从左上角向右下角拖动鼠标实施从前景色到背景色的线性渐变,效果如图3.57所示。

㉜设置【渐变】图层的属性为【正片叠底】,制作出草坪的光线明暗效果,如图3.58所示。按【Ctrl+D】键去掉选区,按【Ctrl+E】键合并"渐变"和"草坪"图层,合并时选择【应用】图层蒙版。

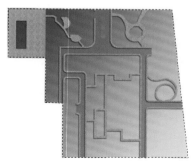

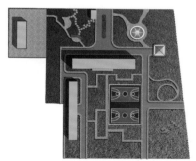

图 3.57　渐变图层　　　　　　　图 3.58　加入渐变后的效果

㉝调出"石板路"图层的选区,如图3.59所示。执行【选择】/【修改】/【羽化】命令,设置

【羽化半径】为1,然后激活"草坪"图层,按【Delete】键删除选区内(石板下面)的草坪,效果如图 3.60 所示。这样使效果更逼真。

㉞使用相同的方法处理曲路、篮球场和人行道等,使它们和草坪浑然一体,如图 3.61 所示。

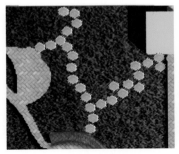
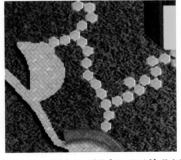
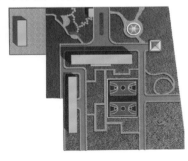

图 3.59　调出"石板路"选区　　　图 3.60　删除"石板路"下面的草坪　　　图 3.61　曲路、篮球场和人行道

㉟种植树木。可直接用已经做好的树木模块。打开素材"平面树-落叶.jpg"文件,如图 3.62所示。选取后拖入、复制、合并,命名为"杨树",添加图层样式为【投影】,如图 3.63 所示。

㊱也可用图片制作树木模块。打开素材"丁香01.jpg"文件,如图 3.64 所示。绘制圆形选区,如图 3.65 所示。

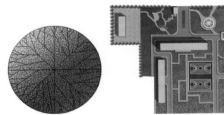

图 3.62　平面树素材　　　图 3.63　杨树　　　图 3.64　丁香花素材　　　图 3.65　圆形选区

㊲拖入,复制,合并图层,命名为"白色丁香",添加图层样式为投影,效果如图 3.66 所示。

㊳用相同的方法制作所有的植物模块,同时输入汉字标明每个树种的名称,如图 3.67 所示。

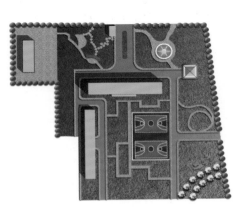
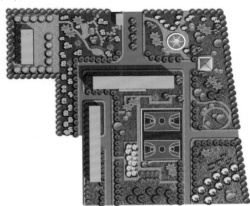

杨树
白色丁香
石竹
落叶松
家榆
梓松
旱柳
杂种落叶松
欧洲花楸
金露梅
白桦
紫色丁香
锦带

图 3.66　白色丁香效果　　　图 3.67　植物模块及文字效果

㊴输入所有的文字和指北针,完成制作,效果如图 3.68 所示。

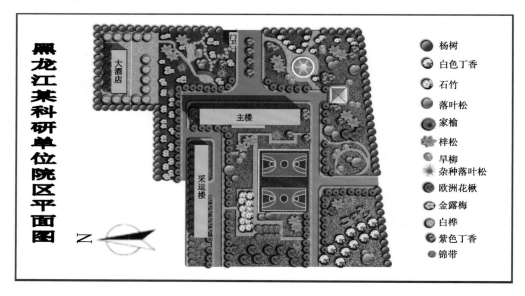

图 3.68　最终效果

实战 3　立面图效果图制作

实战 3.1　制作江南古典园林立面效果图

　　本实战根据拱门发挥,加入了很多江南特色的素材:古亭、竹子、桃花、盆景、荷花等来丰富画面。素材用的有点多,需要根据光源位置去渲染素材的明暗部分及颜色。

　　①执行【文件】/【打开】命令,打开"随书光盘/素材/第 3 章素材/江南园林/花墙.jpg"文件(提示:制作这个效果图下面用到的所有素材均在此文件夹中),如图 3.69 所示。

　　②双击背景层上的"锁头"图标 🔒,将背景层解锁,用【魔棒工具】 ✦ 选到背景部分并删除,抠出墙体,并将图层命名为"墙",如图 3.70 所示。

　　③打开素材"天空 01.jpg"文件,使用【移动工具】 ➤ 将其拖入操作窗口,调整大小和位置,如图 3.71 所示。

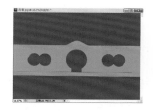

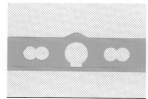

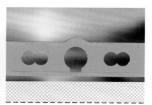

<table>
<tr><td>图 3.69　打开的素材</td><td>图 3.70　抠图并命名</td><td>图 3.71　移入天空</td></tr>
</table>

　　④打开素材"墙图案.jpg"文件,如图 3.72 所示。

　　⑤按下【Ctrl + A】复合键全选,然后单击【编辑】/【定义图案】命令,将其定义为"墙图案"。

　　⑥回到原文件,使用【魔棒工具】 ✦,选取图中绿色部分,创建墙选区,如图 3.73 所示。

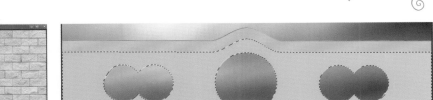

图 3.72　墙图案素材　　　　　　　　　　　　图 3.73　墙选区

　　⑦单击【编辑】/【填充】命令,在【填充】对话框中使用【图案】,选择刚定义的"墙图案",单击【确定】按钮进行填充;单击【图像】/【自动色调】;单击【图像】/【色彩平衡】,在【色彩平衡】对话框中设置参数,如图 3.74 所示,效果如图 3.75 所示。

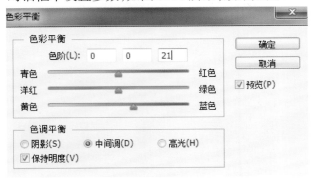
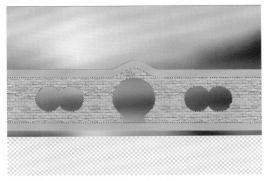

图 3.74　参数设置　　　　　　　　　　　　　图 3.75　墙效果

　　⑧制作墙体上的阴影。使用【套索工具】,绘制阴影选区,如图 3.76 所示。

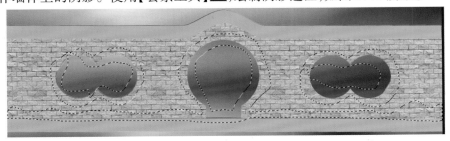

图 3.76　阴影选区

　　⑨设置前景色为深灰色(#4f4e4c),设置背景色为黑色,新建一个图层,命名为"阴影",单击【渐变工具】,在选区内拖动鼠标进行线性渐变,如图 3.77 所示。设置"阴影"图层的不透明度为 30%,效果如图 3.78 所示。

图 3.77　渐变　　　　　　　　　　　　　图 3.78　设置图层不透明度及结果

　　⑩制作门边。绘制选区如图 3.79 所示。

　　⑪打开素材"大理石 01. jpg"文件,如图 3.80 所示。按【Ctrl + A】键全选,按【Ctrl + C】键复制。

⑫返回原文件,单击【编辑】/【选择性粘贴】/【贴入】命令,自动生成蒙版图层,命名为"门边",如图 3.81 所示。按下【Ctrl + T】键,调整贴入图片的大小,如图 3.82 所示。

图 3.79　门边选区　　图 3.80　大理石素材　　图 3.81　贴入大理石　　图 3.82　调整大小

⑬绘制选区,如图 3.83 所示,按【Delete】键删除,然后双击"门边"图层,在打开的【图层样式】对话框中勾选【投影】选项,效果如图 3.84 所示。

⑭用与制作门边相同的方法制作窗边,效果如图 3.85 所示。

图 3.83　绘制选区　　图 3.84　勾选【投影】　　　　图 3.85　窗边

⑮打开素材"石头墙.psd"文件,使用【移动工具】 将其拖入操作窗口中,命名为"墙基"图层,注意图层顺序,调整大小和位置,如图 3.86 所示。

图 3.86　墙基

⑯新建一个图层,命名为"门坎",使用【矩形选框工具】 绘制矩形选区,如图 3.87 所示。

⑰在选区内使用黑色和灰色做线性渐变,为其添加勾选【斜面和浮雕】和【投影】的图层样式,然后把"门坎"图层放在"门边"和"墙基"图层的下面,按【Ctrl + D】键取消选区,效果如图 3.88 所示。

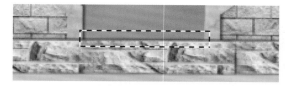

图 3.87　矩形选区　　　　　　　　图 3.88　门坎

⑱打开素材"地面.jpg"文件并拖入,调整位置和大小,如图 3.89 所示。

⑲激活"墙"图层,使用【魔棒工具】 ,选取墙体顶部土黄色的部分,如图 3.90 所示。

图 3.89　拖入地面

图 3.90　选区

⑳按下【Ctrl + C】键,再按【Ctrl + V】键,把复制了的新图层命名为"墙饰条",双击这个图层,为其添加图层样式,如图 3.91 所示。效果如图 3.92 所示。

图 3.91　参数设置

图 3.92　墙饰条

㉑打开素材"墙沿.psd"文件并拖入,调整位置和大小,效果如图 3.93 所示。

图 3.93　墙沿

㉒打开素材"背景-亭.jpg"文件并拖入,调整位置和大小,使用【设置图层的混合模式】和【不透明度】,效果如图 3.94 所示。

㉓打开素材"背景01.jpg""盆景05.jpg""盆景10.jpg""花鸟.jpg""花坛.jpg""石桌凳.jpg""竹子01.jpg""荷花.jpg""小鸟01.jpg""小鸟02.jpg""背景01.jpg""背景02.jpg"等文件,使用【橡皮擦工具】、【移动工具】、【变换】、【曲线】、【色彩平衡】、【复制】、【仿制图章】等工具命令,配合【设置图层的混合模式】和【不透明度】,完成画面的前景和背景的添加制作,效果如图 3.95 所示。

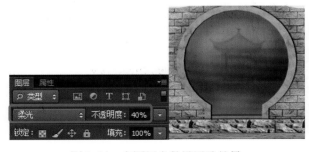

图 3.94　亭图层参数设置及结果

图 3.95　添加前景和背景

㉔至此,合并所有图层。使用【裁剪工具】裁掉多余的部分,如图 3.96 所示。按【回车】

键确认。

㉕复制一个新图层,执行【滤镜】/【其它】/【高反差保留】命令,设置【半径】为 80 像素,单击【确定】按钮。然后在【设置图层的混合模式】中选择【柔光】,按下【Ctrl + E】键合并两个图层,使图像更加清晰,效果如图 3.97 所示。

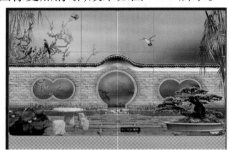 

图 3.96　裁剪　　　　　　　　　　　　图 3.97　更清晰的图像

㉖调一下色彩。执行【图像】/【调整】/【照片滤镜】命令,选择【加温滤镜(85)】,设置参数,如图 3.98 所示。

㉗执行【图像】/【调整】/【色彩平衡】命令,设置参数,如图 3.99 所示。执行【图像】/【调整】/【亮度/对比度】命令,设置参数,如图 3.100 所示。最终效果如图 3.101 所示,存盘。

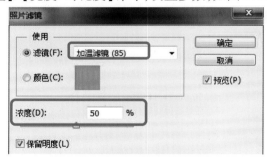

图 3.98　参数设置　　　　　　　　　　图 3.99　参数设置

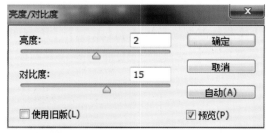

图 3.100　参数设置　　　　　　　　　　图 3.101　最终效果

实战 3.2　制作建筑立面效果图

①执行【文件】/【打开】命令,打开"随书光盘/素材/第 3 章素材/建筑立面效果图/建筑线稿. jpg"文件(提示:制作这个效果图下面用到的所有素材均在此文件夹中),如图 3.102 所示。

②解锁背景层,命名为"线框",执行【选择】/【色彩范围】命令,打开【色彩范围】对话框,参数默认,移动鼠标至工作区域当出现吸管图标时 ✎,在线稿的任意白色位置单击,选取的区域

如图 3.103 所示。

图 3.102　建筑线稿

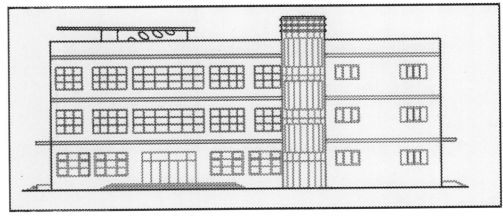

图 3.103　白色区域选区

③按【Delet】键,将选择的区域删除,按【Ctrl + D】键取消选区,效果如图 3.104 所示。

图 3.104　抠出线条

④执行【图像】/【画布大小】命令,在打开的【画布大小】对话框中设置参数,如图 3.105 所示。加大画布,用以制作建筑的外围空间,如图 3.106 所示。

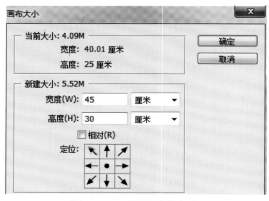

图 3.105　设置画布大小

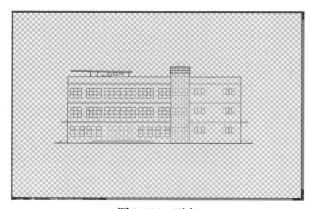

图 3.106　画布

⑤制作墙体。首先制作一层楼外墙的填充图案。打开素材"墙05.jpg"文件,按下【Ctrl +
A】键全选,单击【编辑】/【定义图案】命令,将其定义为"外墙1"图案,如图 3.107 所示,关闭这
个文件。

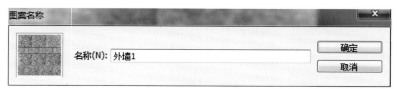

图 3.107　定义图案

⑥激活"线框"图层,使用【魔棒工具】，配合【Shift】键选择一楼的墙体部分,如图 3.108
所示。

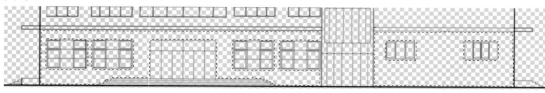

图 3.108　一楼墙体选区

⑦单击【选择】/【修改】/【扩展】命令,设置【扩展量】为1,单击【确定】按钮,使其效果更好。

⑧单击图层面板上的按钮，创建一个新图层,命名为"墙1",设置前景色为灰色
(#7f 7993),按【Alt + Delete】键填充,如图 3.109 所示。

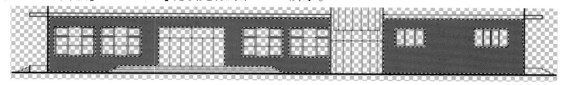

图 3.109　填充灰色

⑨执行【图层】/【图层样式】/【图案叠加】命令,打开"图层样式"对话框,选择前面创建的
"外墙"图案作为叠加图案,设置缩放比例为25%,如图 3.110 所示。按下【Ctrl + D】键去掉选
区,图案叠加效果如图 3.111 所示。

⑩填充二、三层楼的涂料颜色。激活"线框"图层,使用【魔棒工具】，配合【Shift】键选择
二层、三层和顶部的墙体,单击【选择】/【修改】/【扩展】命令,设置【扩展量】为1,单击【确定】
按钮,选择的选区如图 3.112 所示。

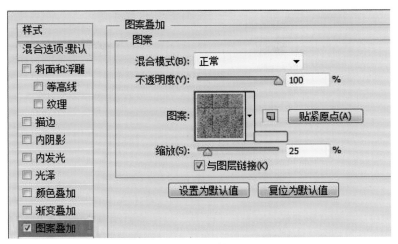

图 3.110　参数设置

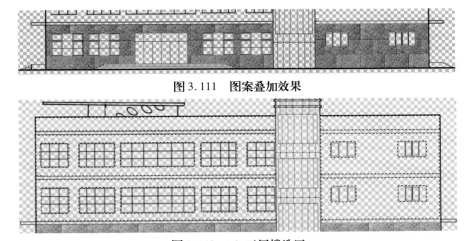

图 3.111　图案叠加效果

图 3.112　二、三层楼选区

⑪新建一个图层,命名为"墙 2"。设置前景色为砖红色(#ffb693),按【Alt + Delete】键填充,按下【Ctrl + D】键取消选区,效果如图 3.113 所示。

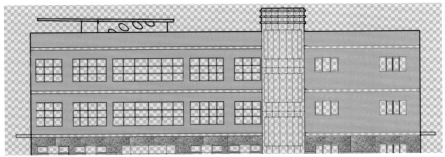

图 3.113　填充颜色

⑫新建一个图层,命名为"楼板"。使用【矩形选框工具】■,同时配合【Shift】键,根据建筑线框绘制楼板选区,如图 3.114 所示。

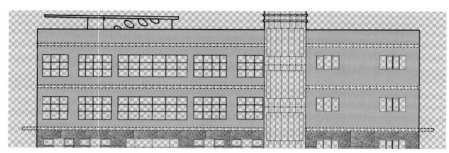

图3.114　楼板选区

⑬设置前景色为乳白色（#f7f6ed），确认"楼板"图层处于激活状态，按【Alt + Delete】键填充，按【Ctrl + D】键去掉选区。双击"楼板"图层，在打开的【图层样式】对话框中勾选【投影】，然后单击【投影】字样，设置投影参数，如图3.115所示，效果如图3.116所示。

图3.115　参数设置

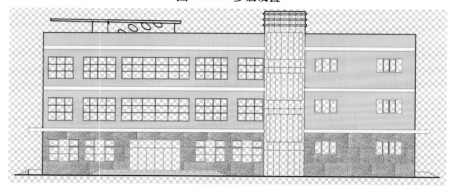

图3.116　楼板

⑭制作楼梯间处的弧形外墙。新建一个图层，命名为"弧形墙"。使用【矩形选框工具】，根据建筑线框绘制楼梯间处的选区，如图3.117所示。

⑮打开素材"大理石02.jpg"文件，按下【Ctrl + A】键全选，按【Ctrl + C】键复制后关闭此文件。执行【编辑】/【选择性粘贴】/【贴入】命令，将自动生成的贴入图层命名为"弧形墙"，按【Ctrl + T】键调整合适的大小，按回车键，效果如图3.118所示。

⑯在"弧形墙"图层上方新建一个名为"渐变"的图层，置为当前，按住【Ctrl】键的同时单击弧形墙图层蒙板缩览图，取得弧形墙选区。单击【渐变工具】按钮，在其属性栏中选择【线性渐变】，单击其上的【点按可编辑渐变】按钮，打开【渐变编辑器】，对颜色条进行编辑，在颜色条的中心部位单击鼠标，添加一个白色色块（# ffffff），两侧色块设置均为黑色（#0a0909），如图3.119所示。

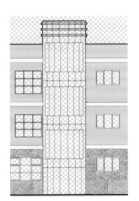

图 3.117 矩形选区

图 3.118 贴入石材

图 3.119 设置渐变条

⑰在"渐变"图层的选区内按住【Shift】键水平拖动鼠标,实施线性渐变,效果如图 3.120 所示。

⑱按【Ctrl + D】键取消选择,设置"渐变"图层的不透明度为50%,按【Ctrl + E】键向下合并,在弹出的提示框中选择【应用】,弧形墙效果如图 3.121 所示。

⑲制作窗户和门。先制作墙体上的窗框,使用【缩放工具】 中的【放大】 选项,结合【抓手工具】 任意放大一扇窗,如图 3.122 所示。

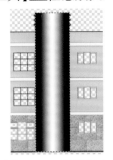

图 3.120 线性渐变

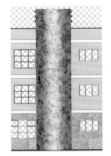

图 3.121 弧形墙

图 3.122 放大窗

⑳使用【矩形选框工具】 绘制整个窗户的外轮廓,然后分别使用【单行选框工具】 和【单列选框工具】 ,按住【Alt】键选择窗框内线条,绘制窗楞选区如图 3.123 所示。

㉑新建一个图层,命名为"窗框",设置前景色为墨绿色(#274c24),执行【编辑】/【描边】命令,设置参数,如图 3.124 所示。在"窗框"图层的下面新建一个名为"玻璃"的图层,填充蓝色(#9ddeff),按【Ctrl + D】键去除选区;双击"窗框"图层,为其添加【投影】的图层样式,参数设置如图 3.125 所示。效果如图 3.126 所示。

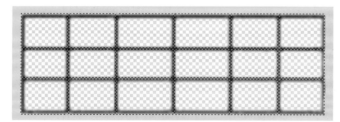

图 3.123 窗棂选区

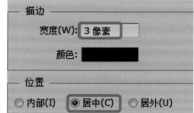

图 3.124 描边参数

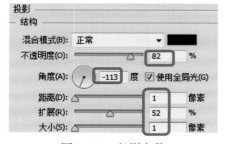

图 3.125 投影参数

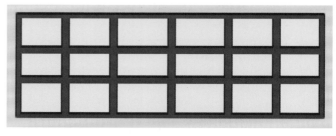

图 3.126 窗棂效果

㉒用相同的方法制作平面墙上所有的窗户,效果如图 3.127 所示。然后合并所有的"窗框"和"玻璃"图层,并命名为"窗户"。

图 3.127 窗户

㉓使用和上面相同的方法,配合【Alt】键减选玻璃部分创建门框选区,如图 3.128 所示。

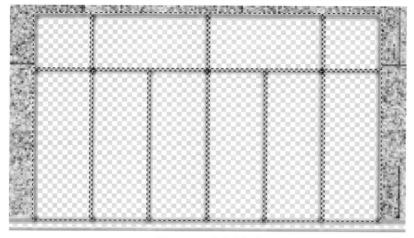

图 3.128 门框选区

㉔新建一个图层,命名为"门框",设置前景色为墨绿色(#274c24),执行【编辑】/【描边】命令,设置描边宽度为4像素,位置为【居中】,单击【确定】按钮。在"门框"图层的下面新建一个名为"门玻璃"的图层,填充蓝色(#9ddeff)按【Ctrl + D】键去除选区;双击"门框"图层,为其添加和窗框相同的图层样式,合并这两个图层,并重新命名为"门",效果如图3.129所示。

㉕新建一个名为"门拉手"的图层,用【矩形选框工具】▦制作门拉手,如图3.130所示。

㉖新建"弧形窗"图层,用和制作平面窗户相同的方法绘制楼梯间处的弧形窗,然后执行【编辑】/【变换】/【变形】命令,对窗户进行变形操作,以实现弧形窗的效果,如图3.131所示。

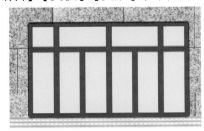

图3.129 门

图3.130 门拉手

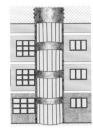

图3.131 弧形窗

㉗绘制如图3.132所示的选区,新建一个名为"装饰线"的图层,填充白色,双击此图层为其添加图层样式,勾选【斜面与浮雕】中的【等高线】,再复制两个,效果如图3.133所示。

㉘打开素材"楼顶装饰.psd"文件,拖拽至建筑楼顶指定的位置,把这个图层放在"墙2"图层的下面,如图3.134所示。

图3.132 绘制选区

图3.133 装饰线

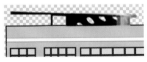

图3.134 楼顶装饰

㉙制作真实的玻璃效果。执行【选择】/【色彩范围】命令,移动鼠标至工作区域当出现吸管图标时 ✐,在玻璃的位置单击,选取的区域如图3.135所示。

图3.135 玻璃选区

㉚打开素材"天空02.jpg"文件,按【Ctrl + A】键全选,再按【Ctrl + C】键复制,关闭天空文件。执行【编辑】/【选择性粘贴】/【贴入】命令,生成蒙版图层,命名为"玻璃反射",并设置这一图层的【不透明度】为50%,效果如图3.136所示。

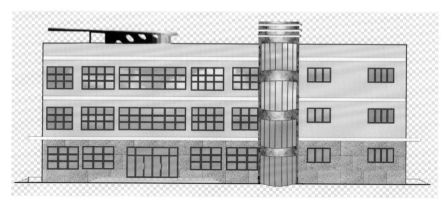

图 3.136　玻璃效果

㉛制作台阶。根据建筑线框使用【多边形套索工具】■绘制台阶选区,如图 3.137 所示。打开素材"台阶 01.jpg"文件,用【矩形选框工具】■框选台阶部分区域,如图 3.138 所示,按【Ctrl + C】键复制,关闭此文件。

图 3.137　台阶选区

图 3.138　素材台阶选区

㉜执行【编辑】/【选择性粘贴】/【贴入】命令,生成蒙版图层,如图 3.139 所示,命名为"台阶",按【Ctrl + T】键调整台阶大小,同时调整【亮度/对比度】,执行滤镜中的【锐化】、【高反差保留】等使之更清晰,效果如图 3.140 所示。

图 3.139　贴入台阶素材

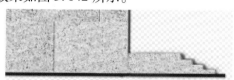

图 3.140　调整台阶

㉝使用【多边形套索工具】■绘制右侧台阶选区,如图 3.141 所示。新建一个图层,命名为"右台阶",与"弧形墙"添加相同的图案(和前面一样,图案在图层样式中添加,调整适当的比例),同时添加图层样式中的【投影】,去掉选区,效果如图 3.142 所示。

图 3.141　右台阶选区　　　　　　　　图 3.142　填充右台阶

③按住【Alt】键拖动鼠标复制"右台阶",将其命名为"左台阶",执行【编辑】/【变换】/【水平翻转】命令,然后放在建筑的左侧,如图 3.143 所示。

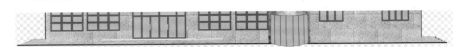

图 3.143　复制左台阶

③为了增加整体图形的立体感,分别选择"窗户""门""弧形窗""弧形墙""台阶"和"楼顶装饰"图层,为它们添加图层样式,参数设置如图 3.144 所示,效果如图 3.145 所示。

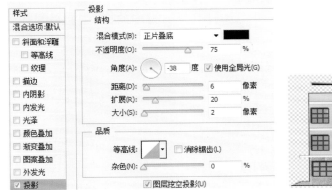

图 3.144　参数设置　　　　　　　　　　图 3.145　建筑效果

至此,建筑部分全部完成,接下来进行前景、背景和配景的制作。

③制作地面。绘制矩形选区,如图 3.146 所示。新建一个名为"地面"的图层,设置前景色为深棕色(#5a4c30),背景色为浅棕色(#baa48d),执行从前景色到背景色的线性渐变,注意图层顺序,效果如图 3.147 所示。

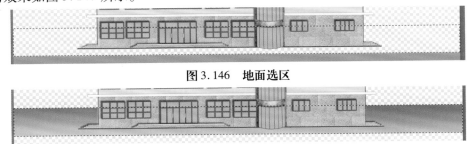

图 3.146　地面选区

图 3.147　渐变填充

③打开素材"天空 03. jpg"文件,拖拽至文件中,放于建筑的后面,调整至合适的大小,并且到天空的下部做羽化处理,以使其和地面衔接自然,如图 3.148 所示。

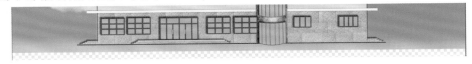

图 3.148　地面效果

③绘制广场选区,如图 3.149 所示。

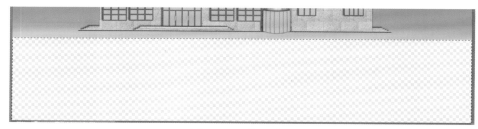

图 3.149　广场选区

㊴新建一个名为"广场"的图层,渐变广场,设置前景色为深灰色(#6b6a71),背景色为浅灰色(#8f8e96),执行从前景色到背景色的线性渐变,并添加【图层样式】中的【投影】,效果如图3.150所示。

图 3.150　渐变填充

㊵打开素材"树03.jpg"文件,使用【色彩范围】抠图并擦除底部后,拖入文件中,命名图层为"树",如图 3.151 所示。然后制作树阴影,复制"树"图层,并对其垂直翻转,然后执行【缩放】【扭曲】等调整"树副本"的形状,如图 3.152 所示。

㊶回车确认后调出"树副本"图层的选区,填充黑色,设置该图层的不透明度为50%,然后把这个图层放到"树"图层的下面,树阴影效果如图 3.153 所示。

图 3.151　拖入树　　　　　　图 3.152　树副本　　　　　　图 3.153　树阴影

㊷将"树"和"树副本"图层合并为一个图层,复制多棵,效果如图 3.154 所示。

图 3.154　复制树

㊸打开素材"树07.jpg""挂角树.jpg",处理后移入图形中,用和上面相同的方法制作阴影,复制摆入,效果如图 3.155 所示。

㊹打开素材"背景树01.jpg"文件,抠图后拖拽入操作窗口中,调整大小,复制、水平翻转放在两侧,如图 3.156 所示。

图3.155　移入其他树

图3.156　背景树

㊺打开素材"行人.jpg"文件,进行抠图、分开、制作阴影等操作,摆放于适当的位置,如图3.157所示。

图3.157　行人

㊻在画面的右下角使用【横排文字工具】输入文字,完成建筑立面效果图的制作,最终效果如图3.158所示。

图3.158　最终效果

实战4　制作手绘平面彩图

　　手绘平面彩图和普通的彩平面制作的不同在于,后者的线稿要通过 CAD 绘制输出,而前者的线稿可以是铅笔绘制经扫描后得到。后期处理使用方法略有不同。线稿经过处理后,会变得生动形象。

　　①线稿着色。按【Ctrl + O】快捷键,打开"随书光盘/素材/第 3 章素材/手绘平面图/线稿.jpg"文件(提示:制作这个效果图下面用到的所有素材均在此文件夹中),如图 3.159 所示。

　　②使用【多边形套索工具】绘制水面部分,建立水面选区如图 3.160 所示。

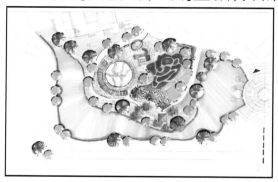

图 3.159　打开的素材

图 3.160　水面选区

　　③按【Ctrl + Shift + N】组合键,新建一个图层,命名为"水面"。设置前景色为蓝色(#7fa9df),按【Alt + Delete】快捷键,快速填充前景色,按【Ctrl + D】键取消选区,并设置这个图层的混合模式为【正片叠底】,效果如图 3.161 所示,确定水面的颜色基本基调。

　　④回到"线稿"图层,使用【魔棒工具】和【套索工具】将草地部分选取,建立如图3.162所示的选区。

图 3.161　水面基调

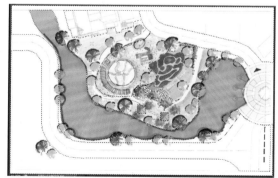

图 3.162　草地选区

　　⑤新建一个图层,命名为"草地",设置前景色为淡绿色(#d9e6c2),按【Alt + Delete】快捷键,快速填充前景色,按【Ctrl + D】键取消选区,如图 3.163 所示。

　　⑥回到"线稿"图层,单击【多边形套索工具】按钮,绘制道路选区,如图 3.164 所示。

图 3.163　填充草地

图 3.164　道路选区

⑦新建一个图层,命名为"道路",设置前景色为#858381,背景色为#302e2e,按【渐变工具】按钮,拖动鼠标做从前景色到背景色的渐变,然后按【Ctrl + D】键取消选区,路面效果如图 3.165 所示。

⑧回到"线稿"图层,使用【魔棒工具】 和【套索工具】 将草地部分选取,配合使用【Shift】键添加选区,绘制广场选区如图 3.166 所示。

图 3.165　渐变路面

图 3.166　广场选区

⑨新建一个图层,命名为"广场",设置前景色为#f6923d,按【Alt + Delete】快捷键,快速填充前景色,然后按【Ctrl + D】键取消选区,广场效果如图 3.167 所示。

⑩回到"线稿"图层,单击【多边形套索工具】 按钮,绘制建筑选区,如图 3.168 所示。

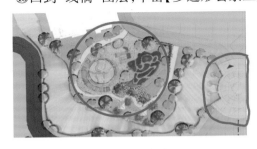

图 3.167　填充广场

图 3.168　建筑选区

⑪新建一个图层,命名为"建筑",设置前景色为#ec8a6d,按【Alt + Delete】快捷键,快速填充前景色,然后按【Ctrl + D】键取消选区;双击"建筑"图层,在打开的【图层样式】对话框中勾选【投影】选区,建筑结果如图 3.169 所示。

⑫回到"线稿"图层,单击【多边形套索工具】 按钮,绘制亭选区,如图 3.170 所示。

图 3.169　建筑效果

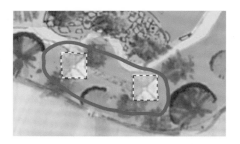

图 3.170　亭选区

⑬新建一个图层，命名为"建筑"，设置前景色为#ea5318，按【Alt + Delete】快捷键，快速填充前景色，然后按【Ctrl + D】键取消选区，亭填充效果如图 3.171 所示。

⑭添加图例。打开素材"平面树图例.psd"文件，选择 3 种主要的树木图例素材，拖拽至操作窗口中，执行复制、变换、移动等操作，根据线稿放在图形中，效果如图 3.172 所示。

图 3.171　亭填充效果

图 3.172　添加树木

⑮制作花坛。新建一个图层，命名为"花坛边"。单击【椭圆选框工具】按钮，根据线稿绘制圆形选区，如图 3.173 所示。执行【编辑】/【描边】命令，在打开的【描边】对话框中设置参数，如图 3.174 所示，单击【确定】按钮。双击【花坛边】图层，在打开的【图层样式】对话框中勾选【投影】选项，效果如图 3.175 所示。

图 3.173　花坛选区

图 3.174　参数设置

图 3.175　花坛边效果

⑯打开素材"植物横纹图案.jpg"文件，按【Ctrl + A】键全选，再按【Ctrl + C】键复制，关闭素材文件。执行【编辑】/【选择性粘贴】/【贴入】命令，命名为"花坛"。按【Ctrl + T】键调整到合适的大小，效果如图 3.176 所示。

⑰对"花坛"图层执行【滤镜】/【滤镜库】/【艺术效果】/【底纹效果】命令，设置参数，如图 3.177 所示。单击【确定】按钮，效果如图 3.178 所示。

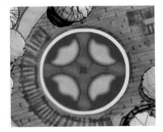

图 3.176　贴入植物模纹　　　图 3.177　参数设置　　　图 3.178　图像效果

⑱制作边框。新建一个图层,命名为"边框"。单击【画笔工具】按钮![画笔],设置前景色为浅绿色(#9ac08d),在图像的边界随意涂抹。执行【滤镜】/【风格化】/【风】命令,选择【风】,方向【从右往左】。加了边框以后图像最终效果如图 3.179 所示。

图 3.179　最终效果

4 园林三维效果图后期制作实战

园林三维效果图后期制作的基本思路是：整体→局部→整体。从整体到局部，要求我们对建筑设计构思有一个大的方向的把握，例如有的建筑是住宅楼，有的是科研单位，有的是临街商业楼，有的是休闲场所，那么我们就要根据建筑本身的用途来选取适当的素材完成效果图的制作。大的方向把握好了，局部就是放置适当的素材，调整大小、位置、方向、色彩等，最后又回到整体，查看整个构图，调整整幅效果图的色彩平衡、亮度/对比度以及色相/饱和度等。

实战 1　别墅环境效果图后期制作

①执行【文件】/【打开】命令，打开"随书光盘/素材/第 4 章素材/别墅环境效果图后期制作/建筑.jpg"文件（提示：制作这个效果图下面用到的所有素材均在此文件夹中），如图 4.1所示。

②调整画布大小。执行【图像】/【画布大小】，在打开的【画布大小】对话框中设置参数，如图 4.2 所示。单击【确定】按钮。

图 4.1　打开的文件

图 4.2　设置画布大小

③配合使用【Ctrl + +】【Ctrl + -】键和【抓手工具】，适当缩放和移动位置进行抠图，配合加减选区的使用，特别注意图中白色较多的地方，如图 4.3 所示。

图 4.3　制作建筑选区及细节部分

④双击背景层上的"锁头"图标🔒,在【新建图层】对话框的【名称】后面输入"建筑",单击【确定】按钮,使背景层变为名为"建筑"的普通图层。按【Delete】键删除背景,按【Ctrl + D】键取消选区,移动建筑到适当的位置,效果如图 4.4 所示。

⑤打开素材"背景 01. jpg"文件,使用【移动工具】🔹拖至操作窗口中,命名该图层为"背景",按【Ctrl + T】键,调整大小,放在"建筑"图层的下面,如图 4.5 所示。

图 4.4　建筑模型　　　　　　　　　　　　　图 4.5　拖入背景

⑥打开素材"草地 01"文件,拖拽进来,命名图层为"草地",放在"建筑"图层的下面,"背景"图层的上面。为了使天空和草地接触自然,草地上边缘已经羽化,如图 4.6 所示。

⑦在"草坪"图层的上方新建一个图层,命名为"渐变",在"渐变"图层建立一个矩形选区,形状和草坪相似,设置前景色为浅绿色(#dae7dd),背景色为墨绿色(#3b8b0a),使用渐变功能做出效果。再将"渐变"图层的混合模式改为【正片叠底】,【不透明度】改为 60% ,草坪出现近暗远亮的效果,使用虚边【橡皮擦工具】🔹在"渐变"层的上边缘涂抹,使之过渡自然,如图 4.7所示。

图 4.6　拖入草地　　　　　　　　　　　　　图 4.7　草坪近暗远亮

⑧打开素材"石板路. psd"文件,拖拽至操作窗口,命名图层为"石板路",执行【编辑】/【变换】命令,使用【变换】中的诸项命令,调整石板的大小、形状和位置,如图 4.8 所示。

⑨制作水面。用钢笔工具画出要制作成水面效果的部分,如图 4.9 所示。

图 4.8　石板路的大小、位置

图 4.9　钢笔路径

⑩在画面上单击鼠标右键,选择【建立选区】,在打开的【建立选区】对话框中设置【羽化半径】为15,单击【确定】按钮,选区如图4.10所示。

⑪打开素材"水面03.jpg"文件,按【Ctrl+A】键全选,按【Ctrl+C】键复制关闭此文件,执行【编辑】/【选择性粘贴】/【贴入】命令,如图4.11所示,命名该图层为"水面"。

图 4.10　羽化后的选区

图 4.11　贴入水面

⑫按【Ctrl+T】键变换水面的大小,如图4.12所示。按【回车】键确认。

⑬复制"建筑"图层,命名为"建筑水中倒影",执行【编辑】/【变换】/【垂直翻转】,将建筑垂直翻转,如图4.13所示。然后将其垂直向下移动,位置如图4.14所示。

图 4.12　自由变换水面大小

图 4.13　垂直翻转建筑倒影

⑭按住【Ctrl】键的同时点击"水面"图层的【图层蒙版缩览图】,调出水面选区,执行【选择】/【反向】命令,确认"建筑水中倒影"图层处于激活状态,按【Delete】键删除水面以外的建筑倒影部分,按【Ctrl+D】键取消选区,效果如图4.15所示。

图 4.14　垂直向下移动

图 4.15　删除水面以外的建筑倒影

⑮修改"建筑水中倒影"图层的不透明度为50%,同时执行【滤镜】/【滤镜库】/【海洋波纹】命令,设置【波纹大小】为3,【波纹幅度】为2,效果如图4.16所示。

⑯制作岸边。打开素材"岸边01.psd""岸边02.psd""岸边树球.psd""岸边石头.psd"文件,拖拽至文件中,用带虚边的【橡皮擦工具】 ,【变换】【复制】命令,调整大小和形状,移动到适当的位置,并使用前面学过的方法制作石头、树球的水中倒影,然后合并岸边的所有图层,统一命名为"岸边",使岸边效果既丰富又自然,如图4.17所示。

图4.16 建筑水中倒影

图4.17 岸边

⑰丰富水面。打开素材"荷花.jpg"文件,移入到图形中,用带虚边的【橡皮擦工具】处理后,效果如图4.18所示。

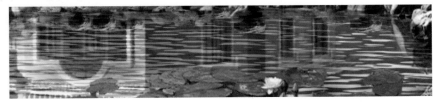

图4.18 荷花

⑱制作前景、背景和中景的树木。打开素材"树01.psd""树02.psd""树03.psd""树04.psd""树05.psd""树06.psd""树07.psd""树08.psd""云彩01.psd""植物01.psd""墙边草.psd"文件,拖拽至文件中,使用【变换】【复制】命令,调整大小和形状,移动到适当的位置,效果如图4.19所示。

⑲打开"树阴影.psd"文件,拖拽至操作窗口中,放于合适的位置,修改图层【不透明度】为80%,效果如图4.20所示。

图4.19 前景、背景和中景的树木

图4.20 树阴影

⑳打开素材"人物01.psd"文件,拖拽至文件中,命名为"人物",放于石板路上,如图4.21所示。复制一个人物图层,填充黑色,作为人物阴影,修改图层【不透明度】为80%,使用【变化】中的命令调整人物阴影的形状和位置,如图4.22所示。

图4.21 拖入人物

图4.22 人物阴影

㉑打开素材"路灯02.jpg"文件,从中选择一盏路灯并抠出,用和制作人物相同的方法制作阴影,复制一个,摆放在合适的位置,如图4.23所示。

图4.23　路灯及阴影

㉒添加光线。按【Ctrl + Shift + Alt + E】组合键盖印可见图层,命名为"光线"。执行【滤镜】/【模糊】/【动感模糊】命令,参数设置如图4.24所示,单击【确定】按钮,效果如图4.25所示。

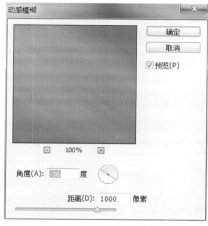

图4.24　参数设置

图4.25　动感模糊效果

㉓按【Ctrl + F】键两次加强动感模糊效果,更改"光线"图层的混合模式为【强光】,使用【橡皮擦工具】擦除曝光部分和暗调部分,最终效果如图4.26所示。

图4.26　最终效果

实战2　园林鸟瞰效果图后期制作

◆**说明:**鸟瞰图按视点高度分为半鸟瞰、鸟瞰、轴测鸟瞰效果图;按表达内容分为公共建筑类、
住宅类、规划类效果图;按光环境分为日景、夜景、黄昏或将暗未暗等光环境效果图。

①执行【文件】/【打开】命令,打开"随书光盘/素材/第4章素材/鸟瞰效果图后期制作/鸟瞰模型.jpg"文件(提示:制作这个效果图下面用到的所有素材均在此文件夹中),如图4.27所示。按【Alt + Ctrl + I】键,调整图像大小,参数设置如图4.28所示。双击图层中的"背景"字样,打开【新建图层】对话框,输入新的名字"模型",单击【确定】按钮。

图4.27　打开的文件

图4.28　设置图像大小

②制作绿地。执行【选择】/【色彩范围】命令,在打开的【色彩范围】对话框中设置【颜色容差】为100,然后拾取图中绿色区域,一次性选图中所有绿色部分,生成的选区如图4.29所示。执行【选择】/【存储选区】命令,在【名称】后面输入"草地",存储草地选区。

③按【Delete】键删除,按【Ctrl + D】键取消选区,效果如图4.30所示。

图4.29　草地选区

图4.30　删除绿色区域

④打开素材"草地01.jpg"文件,拖动至本文件窗口中,命名图层为"草地"。执行【图像】/【调整】/【色彩平衡】命令,设置参数如图4.31所示。然后将其置于图层最底部进行位置和大小的调整,如图4.32所示。

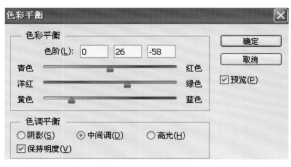

图 4.31　参数设置

图 4.32　草坪

⑤执行【选择】/【载入选区】命令,在【通道】下拉列表中选择"草地",将草地选区载入。在"草地"图层的上面创建新图层,设置前景色为浅绿色(#77bf61),背景色为墨绿色(#366c1e),执行从前景色到背景色的渐变,按住【Shift】键的同时用鼠标从下向上拉,反复到满意为止,修改图层混合模式为【柔光】,按【Ctrl + E】键使之和下面的"草地"图层合并,按【Ctrl + D】键取消选区,效果如图 4.33 所示。

⑥添加水面。激活"模型"图层,执行【选择】/【色彩范围】命令,设置【颜色容差】为100,拾取图中天蓝色的区域,一次性选图中所有水面部分;执行【选择】/【修改】/【羽化】命令,设置【羽化半径】为10,生成选区如图 4.34 所示。执行【选择】/【存储选区】命令,存储名为"水面"的选区。

图 4.33　渐变后草坪效果

图 4.34　水面选区

⑦打开素材"水 03. jpg"文件,拖动至操作窗口中,复制、缩放,调整大小合适的波纹,然后合并所有复制了的水图层,合并时选择【应用】图层蒙版,命名为"水面",如图 4.35 所示。

⑧执行【选择】/【载入选区】命令,在【通道】下拉列表中选择"水面",将水面选区载入。在"水面"图层的上面创建新图层,设置前景色为浅蓝色(#acc3ec),背景色为深蓝色(#2168b7),执行从前景色到背景色的渐变,用鼠标从下向上拉动,反复到满意为止,修改图层混合模式为【柔光】,按【Ctrl + E】键使之和下面"水面"图层合并,按【Ctrl + D】键去掉选区,效果如图 4.36 所示。

⑨制作路面铺装。激活"模型"图层,使用【矩形选框工具】■选择模型中已有的铺装,如图 4.37 所示。按【Ctrl + C】键复制,确认"模型"图层仍然置于当前,使用【磨棒工具】■选择图中白色的地面,如图 4.38 所示。

⑩执行【编辑】/【选择性粘贴】/【贴入】命令,使用【移动工具】■移动到合适的位置,如图

4.39 所示。

图 4.35　水面

图 4.36　渐变后的水面效果

图 4.37　矩形选区

图 4.38　白色地面选区

图 4.39　贴入

⑪使用【移动工具】，按住【Alt】键复制并移动，把选区内铺满，注意交接的地方，把重叠的地方用虚边橡皮涂抹一下，以使自然衔接，效果如图 4.40 所示。合并这些图层，合并选择【保留】。

⑫用相同的方法制作图中所有白色地面的铺装，效果如图 4.41 所示。

⑬种植行道树。打开素材"树 01. jpg"文件，先制作阴影，复制一个，垂直翻转，填充黑色，设置【不透明度】为 80%，合并这两个图层，命名为"行道树"，如图 4.42 所示。

图 4.40　复制贴入的铺装

图 4.41　地面铺装

图 4.42　行道树

⑭复制行道树至路边，同时调整大小，效果如图 4.43 所示。

⑮添加植物配景。处理鸟瞰图的时候，一般是先处理大的方面，如道路、草地、行道树等，处理完这些之后，再对建筑模型中要求绿化的区域进行细致的刻画。打开素材"柳树 02. psd"文件，在图中水边等处种上柳树，同时制作其阴影和水中倒影，效果如图 4.44 所示。

图 4.43　复制行道树　　　　　　　图 4.44　添加柳树及柳树阴影、倒影的效果

⑯添加颜色丰富的植物。打开素材中的"树 01. psd""树 04. psd""树 10. psd""树 07. psd""灌木. psd""树丛. psd"文件,制作阴影、倒影、调整大小,摆放于相应的位置,效果如图 4.45 所示。

⑰添加人物。打开素材中的"人群. psd"文件,制作阴影、倒影、调整大小,摆放于相应的位置,效果如图 4.46 所示。

图 4.45　种植其他的树　　　　　　　图 4.46　添加人物

⑱添加汽车。打开素材中的"汽车 01. psd""汽车. jpg"文件,将其移动复制到效果图操作窗口,通过变换、复制等操作放置到适当的位置,效果如图 4.47 所示。

⑲使用蒙版,确定视觉中心。打开素材"蒙版. psd"文件,如图 4.48 所示。将其拖入图像中,调整其大小,并将其图层混合模式调整为【滤色】,最终效果如图 4.49 所示。

图 4.47　添加汽车　　　　　　　图 4.48　打开的蒙版

图4.49　最终效果

实战3　自然式园林景观效果图后期制作

①执行【文件】/【打开】命令,打开"随书光盘/素材/第4章素材/园林景观效果图后期制作/园林景观模型.jpg"文件(提示:制作这个效果图下面用到的所有素材均在此文件夹中),如图4.50所示。

②双击图层中的"背景"字样,在打开的【新建图层】对话框中,输入新的名字"模型",单击【确定】按钮。用【魔棒工具】、【矩形选框工具】等,配合【Shift】【Alt】键加减选区,将图形中草地部分选取,按【Delete】键删除,效果如图4.51所示。

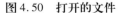

图4.50　打开的文件

图4.51　删除草地区域

③执行【图像】/【画布大小】,在【画布大小】对话框中设置参数并定位,如图4.52所示。单击【确定】按钮。

④继续抠出上部分的浅色背景并删除,效果如图4.53所示。

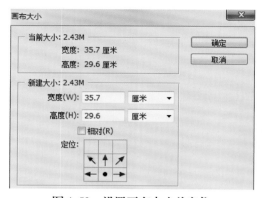

图 4.52   设置画布大小并定位

图 4.53   删除上部分背景

⑤打开素材"草地 02. jpg"文件,拖动至窗口中,命名为"草地",调整大小,效果如图 4.54 所示。

⑥确认"草地"图层置于当前,执行【选择】/【色彩范围】命令,设置【颜色容差】为 100,在图中白色天空部分拾取选区,按【Delete】键删除,然后取消选区,效果如图 4.55 所示。

图 4.54   添加草地

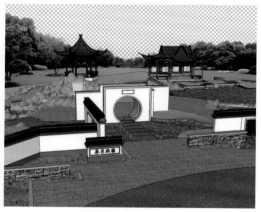

图 4.55   删除天空

⑦打开素材"天空 03. jpg"文件,拖动至窗口中,命名为"天空",调整大小,效果如图 4.56 所示。

图 4.56   拖入天空

⑧处理墙面。激活"模型"图层,使用【魔棒工具】 ,按下属性栏中的【添加选区】 按钮,选取所有墙体部分,如图 4.57 所示。按【Ctrl + C】键复制,按【Ctrl + V】键粘贴,命名为"墙面",按【Ctrl + D】键去掉选区。确认"墙面"图层置于当前,执行【滤镜】/【滤镜库】/【纹理化】命令,设置参数如图 4.58 所示。

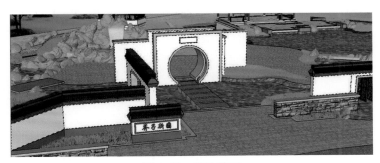

图4.57　墙体选区　　　　　　　　　　图4.58　参数设置

⑨单击【确定】按钮。再执行【Ctrl＋U】键,打开【色相/饱和度】对话框,设置参数如图4.59所示,为其加色,此时图像效果如图4.60所示。

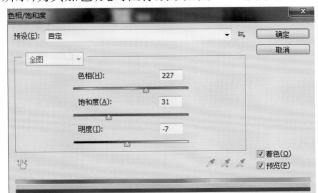

图4.59　参数设置　　　　　　　　　　图4.60　墙的效果

⑩制作水面。用钢笔工具绘制前方右侧水面区域,单击鼠标右键,在右键菜单中选择【建立选区】,羽化值设为1,效果如图4.61所示。

⑪打开素材"水面06.jpg"文件,依次按下【Ctrl＋A】键、【Ctrl＋C】键,关闭此文件,然后执行【编辑】/【选择性粘贴】/【贴入】命令,按【Ctrl＋T】键调大小,效果如图4.62所示。

图4.61　前方右侧水面选区　　　　　　图4.62　贴入水面

⑫用相同的方法制图场景中所有的水面区域(大小共9处),完成后合并这些图层,命名为"水面",合并时选择【应用】蒙版,效果如图4.63所示。

⑬绘制瀑布。首先载入瀑布笔刷,单击【画笔工具】　按钮,在其属性栏中点击　按钮后面的小三角,打开【画笔预设】选取器,单击其右上角的　按钮,在其下拉菜单中单击【载入画笔】项,找到素材中的"瀑布笔刷.abr"文件,单击【载入】按钮,将其载入。

选择刚刚载入的"464"号画笔,设置前景色为白色、大小为100像素,新建一个名为"瀑布"的

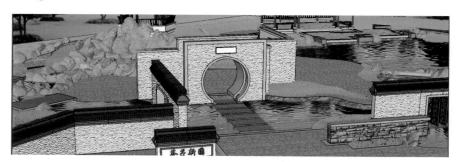

图 4.63　　所有水面

图层,先在场景中任意位置单击生成瀑布,为了使其效果更明显可复制两个"瀑布"图层并合并。

设置前景色为白色,背景色为浅蓝色(#75a5df),调出"瀑布"选区,并在"瀑布"图层上方新建一个名为"渐变"的图层,实施从前景色到背景色的线性渐变,从下向上拉动鼠标,设置该图层的混合模型为【柔光】【不透明度】为 80%,按【Ctrl + E】键向下合并这两个图层,效果如图 4.64 所示。

图 4.64　　绘制瀑布

⑭按【Ctrl + T】键调整瀑布的大小,并放到图中瀑布的位置,用【橡皮擦工具】涂抹掉被墙体遮挡的部分,效果如图 4.65 所示。

⑮复制"瀑布"两个图层,使用【变换】命名调整其大小方向,移动到相应的位置,效果如图 4.66 所示。

图 4.65　　瀑布效果

图 4.66　　复制瀑布

⑯激活"模型"图层,选取如图 4.67 所示的选区。新建一个图层,命名为"路边",填充灰白色(#dbd6d6),按【Ctrl + D】键去掉选区,双击此图层,在打开的【图层样式】对话框中勾选【投影】,效果如图 4.68 所示。

图 4.67　　路边选区

图 4.68　　路边

⑰调整图像大小。执行【图像】/【图像大小】,在打开的【图像大小】对话框中设置参数,如

图 4.69 所示。

⑱种植树木。打开素材"植物 07. psd""树 04. psd""植物 01. jpg""植物 03. jpg"
"树 03. psd""假山. jpg""植物 01. psd"文件,拖至图中,分别进行缩放、复制、擦涂、移动等操作,
最终效果如图 4.70 所示。

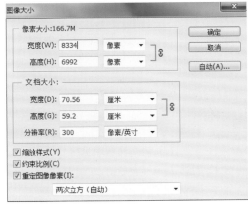

图 4.69　设置图像大小　　　　　　　　　图 4.70　最终效果

实战 4　城市街道景观效果图后期制作

①执行【文件】/【打开】命令,打开"随书光盘/素材/第 4 章素材/城市街道景观效果图后期
制作/街道景观设计. tga"文件(提示:制作这个效果图下面用到的所有素材均在此文件夹中),
如图 4.71 所示。

图 4.71　打开的文件　　　　　　　　　图 4.72　删除背景

②双击"背景"层,在打开的【新建图层】对话框中,输入新的名字"模型",单击【确定】
按钮。

③在【通道】面板上,按住【Ctrl】键的同时单击 Alpha1 通道的【通道缩览图】,选取模型部
分。回到【图层】面板,执行【Shift + Ctrl + I】键反向选择,然后按【Delete】键删除背景,按【Ctrl +
D】键取消选区,效果如图 4.72 所示。

④打开素材"背景 02. jpg"文件,拖入到操作窗口中,命名为"背景",把这个图层放在"模
型"图层的下面,用【Ctrl + T】键命令,变化为合适的大小,效果如图 4.73 所示。

⑤制作玻璃效果。使用【多边形套索工具】、【魔棒工具】,配合【Shift】【Alt】键加减选

区,绘制窗玻璃选区,如图 4.74 所示。执行【选择】/【存储选区】命令,在打开的【存储选区】对话框的【名称】后面输入"窗玻璃",单击【确定】按钮,存储这个选区。

图 4.73　加入背景

图 4.74　窗玻璃选区

⑥新建一个图层,命名为"玻璃填充"。设置前景色为浅灰色(#96b1cc),背景色为深灰色(#87aeef),使用【渐变工具】■对此图层实施从前景色到背景色的线性渐变,效果如图 4.75 所示。

⑦再次打开素材"背景 02.jpg"文件,按【Ctrl + A】键全选,按【Ctrl + C】键复制,回到操作窗口,执行【编辑】/【选择性粘贴】/【贴入】命令,命名为"窗影",调整大小,修改此图层的混合模式为【叠加】【不透明度】为 60%,取消选择,窗玻璃效果如图 4.76 所示。合并这两个图层,命名为"玻璃"。

图 4.75　线性渐变效果

图 4.76　窗玻璃效果

⑧用相同的方法复制"玻璃",完成路边所有建筑玻璃的制作,如图 4.77 所示。

图 4.77　路边建筑玻璃效果

⑨添加汽车。打开素材"汽车.psd"和"面包车.psd"文件,拖入操作窗口中,分别命名为

"汽车"和"面包车",使用【变换】命令中的储项命令进行形状和大小的改变,放于合适的位置,同时制作车的阴影效果,如图 4.78 所示。

⑩添加绿篱。打开素材"绿篱. psd"文件,拖入操作窗口中,命名为"绿篱"。改变形状和大小,放在树池中,使用虚边橡皮擦工具擦去树干部分的绿篱,然后复制其他树池中的绿篱,注意远小近大的透视关系和图层顺序,效果如图 4.79 所示。

图 4.78 汽车和面包车的位置

图 4.79 绿篱效果

⑪添加花。打开素材"花盆. tif"文件,拖入到操作窗口中,命名为"花"。改变形状和大小的,使用虚边橡皮擦工具擦去花盆部分,然后放在操作文件的白色花盆上方,效果如图 4.80 所示。

⑫添加树。打开素材"树 01. psd"和"树 03. psd"文件,拖入操作窗口中,使用【自由变换】和【复制】命令改变树的大小和形状,放于合适的位置,如图 4.81 所示。合并所有树图层命名为"树"。

图 4.80 花盆中的花

图 4.81 添加树

⑬添加人物。打开素材"人物 01. psd"文件,将其拖入操作窗口中,命名为"人物"。改变大小,放于合适的位置,如图 4.82 所示。

⑭修改"人物"图层混合模式为【划分】,图层【不透明度】为 50%,最终效果如图 4.83 所示。

图 4.82 添加人物

图 4.83 最终效果

实战 5　古典园林效果图后期制作

①执行【文件】/【打开】命令，打开"随书光盘/素材/第 4 章素材/古典园林效果图后期制作/古典园林模型.tif"文件（提示：制作这个效果图下面用到的所有素材均在此文件夹中），如图 4.84 所示。

②在【通道】面板上，单击 Alpha1 通道前面的小方块按钮■，取消这个通道的隐藏，如图 4.85 所示。然后在按住【Ctrl】键的同时单击 Alpha1 通道的【通道缩览图】，生成模型选区如图 4.86 所示。

图 4.84　打开的文件　　　图 4.85　通道面板　　　图 4.86　模型选区

③单击 Alpha1 通道前面的眼睛按钮，继续隐藏 Alpha1 通道。双击图层面板上的背景层，在【新建图层】对话框中【名称】后面输入"模型"，单击【确定】按钮，使之变成普通图层。

④按【Shift + Ctrl + I】键反选，然后按【Delete】键删除，按【Ctrl + D】键取消选区，效果如图 4.87 所示。

⑤打开素材"古典园林模型材质图.tif"文件，如图 4.88 所示。使用【移动工具】，将其拖动至操作窗口中，使之与"模型"图层对齐以备选用，命名此图层为"材质图"，把"材质图"图层放于"模型"图层的下面，如图 4.89 所示。

图 4.87　删除天空　　　图 4.88　打开的材质图　　　图 4.89　图层顺序

⑥隐藏"模型"图层。激活"材质图"图层，执行【选择】/【色彩范围】命令，在窗口中单击红色区域，生成玻璃选区，如图 4.90 所示。执行【选择】/【存储选区】命令，在打开的对话框【名称】的后面输入"玻璃"，存储玻璃选区。

⑦再次执行【选择】/【色彩范围】命令，在窗口中单击绿色区域，生成水面选区，如图 4.91 所示。执行【选择】/【存储选区】命令，【名称】后面输入"水面"，存储水面选区。

图 4.90　玻璃选区　　　图 4.91　水面选区

⑧取消"模型"图层的隐藏并激活,按【Delete】键删除模型中水体部分,至此可以删除"材质图"图层,效果如图4.92所示。

⑨添加背景。打开素材"背景02.jpg"文件,将其拖入操作窗口中,命名为"背景",调整大小。执行【选择】/【载入选区】命令,载入"水面"选区,按【Delete】键删除后取消选区,效果如图4.93所示。

图4.92　删除水体

图4.93　添加背景

⑩制作水面。新建一个图层,命名为"渐变水面"。设置前景色为#79a7ff,背景色为淡蓝色(#a0c5fa),使用【渐变工具】■实施从前景色到背景色的线性渐变,效果如图4.94所示。

⑪再次打开素材"背景02.jpg"文件,使用【矩形选框工具】■框选图中倒影部分,如图4.95所示。

图4.94　线性渐变

图4.95　选取水体部分

⑫回到操作窗口中,执行【编辑】/【选择性粘贴】/【贴入】命令,命名为"水面",调整大小,放在"渐变水面"图层的下面,并修改"渐变水面"图层的混合模式为【柔光】,效果如图4.96所示。

⑬制作建筑倒影。复制"模型"图层并命名为"模型倒影",执行【编辑】/【变换】/【垂直翻转】命令,然后移动至适当的位置,如图4.97所示。

图4.96　水面

图4.97　垂直翻转建筑

⑭确认"模型倒影"图层置于当前,执行【滤镜】/【滤镜库】/【海洋波纹】命令,设置参数,如图4.98所示。【确定】后修改"模型倒影"图层的【不透明度】为80%,效果如图4.99所示。

⑮添加山石。打开素材"水中石02.psd""水中石01.psd"和"假山.psd"文件,拖入操作窗口中,复制、移动、改变大小放于适当的位置,并用上述方法对有水中倒影的地方制作水中倒影,如图4.100所示。

图4.98　参数设置　　　　图4.99　建筑倒影　　　　图4.100　水中石和假山

⑯添加水上植物。打开素材"荷花01.psd""植物01.tif""荷花01.tif"和"植物02.psd"文件,拖入操作窗口中,进行复制、移动、改变大小、制作倒影操作,然后放于适当的位置,如图4.101所示。

⑰添加远山。打开素材"远山.psd"文件,将其拖入操作窗口中,移动、改变大小,放于适当的位置,注意图层顺序,如图4.102所示。

图4.101　添加水上植物　　　　　　　　　图4.102　远山的位置

⑱添加树木。打开素材"树02.psd"文件,将其拖入操作窗口中,移动、改变大小、复制、制作水中倒影,放于适当的位置,注意图层顺序,如图4.103所示。

图4.103　添加的树木及其倒影

提示:此处树木倒影的制作需载入"水面"选区,【反向】操作后删除水面以外的部分。其他地方倒影需要载入时可采用相同的方法

⑲打开素材"藤.tif"文件,将其拖入操作窗口中,移动、改变大小、制作水中倒影,放于画面

左侧的位置,注意图层顺序,如图 4.104 所示。

⑳打开素材"柳树.psd"文件,将其拖入操作窗口中,移动、改变大小、复制、制作水中倒影,放于画面右侧的位置,注意图层顺序,如图 4.105 所示。

图 4.104　藤及其倒影　　　　　　　　　　图 4.105　柳树及其倒影

㉑添加人物。打开素材"人物 01. psd"和"人物 02. psd"文件,分别截取拖入操作窗口中,移动、改变大小、制作水中倒影,放于适当的位置上,注意图层顺序。然后使用【橡皮擦工具】▨涂掉被栏杆遮的地方,效果如图 4.106 所示。

图 4.106　人物及其倒影

㉒添加丹顶鹤。打开素材"丹顶鹤.jpg"文件,抠图后移入操作窗口中,移动、改变大小、制作水中倒影,放于适当的位置,注意图层顺序,效果如图 4.107 所示。

㉓制作窗影。执行【选择】/【载入选区】命令,载入前面存储的"玻璃"选区,如图 4.108 所示。激活"树木"图层,把选区移动到树的位置,如图 4.109 所示。

图 4.107　丹顶鹤及其倒影　　　图 4.108　玻璃选区　　　图 4.109　移动选区的位置

㉔按【Ctrl + C】键复制,按【Ctrl + V】键粘贴,此时出现一个新的图层,将其命名为"窗影",调整窗影的位置如图 4.110 所示。

㉕在图层面板中修改"窗影"图层的图层混合模式为【叠加】,【不透明度】为 60% ,同时制作窗影水中倒影,效果如图 4.111 所示。

图4.110　窗影的位置　　**图4.111　窗影及其倒影效果**

㉖制作廊桥底黑影。使用【多边形套索工具】绘制选区，设置【羽化半径】为 2，如图 4.112所示的选区。

图4.112　廊桥底选区

㉗新建一个图层，命名为"廊桥底"，填充黑色，执行【滤镜】/【模糊】/【高斯模糊】命令，设置【半径】为 5，效果如图 4.113 所示。

图4.113　廊桥底部黑影

㉘单击图层面板右上角的按钮，在其下拉菜单中选择【拼合图像】，拼合所有图层。复制背景图层，在"背景 副本"图层上执行【滤镜】/【其他】/【高反差保留】，设置【半径】为 10，单击【确定】按钮，修改此图层的混合模式为【柔光】，然后按【Ctrl + E】键合并这两个图层；执行【图像】/【调整】/【亮度/对比度】，设置【亮度】为 −21，【对比度】为 21，最终效果如图 4.114 所示。

图4.114　最终效果

实战 6　住宅小区景观效果图后期制作

住宅小区景观效果图后期处理,重点要考虑细节上的问题,如阴影、配景的大小比例关系等。

①执行【文件】/【打开】命令,打开"随书光盘/素材/第 4 章素材/小区景观效果图后期制作/住宅楼外景. tif"文件(提示:制作这个效果图下面用到的所有素材均在"小区景观效果图后期制作"文件夹中),如图 4.115 所示。执行【图像】/【图像大小】,打开【图像大小】对话框,设置图像大小,如图 4.116 所示。

图 4.115　打开的文件　　　　　　　　　图 4.116　参数设置

②双击"0 图层",将该图层命名为"建筑"。打开通道面板,按住【Ctrl】键的同时,单击"Alpha1"通道,此时选中的部分如图 4.117 所示。

③回到图层面板,按【Shift + Ctrl + I】键反向选择,按【Delete】键,删除背景部分,按【Ctrl + D】键取消选区,效果如图 4.118 所示。

图 4.117　模型选区　　　　　　　　　图 4.118　删除背景

④使用【魔棒工具】，容差设置为 20,选择所有建筑阴影区域,如图 4.119 所示。

图 4.119　建筑阴影选区

⑤单击【选择】/【存储选区】命令,弹出【存储选区】对话框的【名称】后面输入"阴影",单击【确定】按钮,存储阴影选区,以备后用。存储后按【Ctrl＋D】键取消选区。

⑥添加天空。打开素材"天空.jpg"文件,拖拽至操作窗口中,命名为"天空",将"天空"图层放在"建筑"图层的下面。按【Ctrl＋T】键调整大小后移动至适当的位置,如图4.120所示。

图4.120　添加天空

⑦激活"建筑"图层,使用【魔棒工具】，容差设置为50,选择草地区域,如图4.121所示。按下【Delele】键,将选择区域中的图像删除;再激活"天空"图层,同样按【Delele】键删除选区内的天空。按【Ctrl＋D】键去掉选区,效果如图4.122所示。

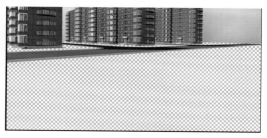

图4.121　草地区域　　　　　　　图4.122　删除选区内的图像

⑧制作草地。打开素材"草地03.jpg"文件,拖拽至操作窗口中,命名为"草地",放在"建筑"和"天空"图层的下面,按【Ctrl＋T】键调整大小,如图4.123所示。

⑨在"草地"图层上面创建一个新图层,命名为"渐变",设置前景色为浅绿色(#3e7a24),背景色为深绿色(#0a3303),使用【渐变工具】，从左向右拖动鼠标实施从前景色到背景色的渐变,然后修改"渐变"图层混合模式为【柔光】,按【Ctrl＋D】键取消选区,效果如图4.124所示。

图4.123　添加草地　　　　　　　图4.124　草地渐变效果

⑩添加小路。打开素材"小路.jpg"文件,使用【钢笔工具】沿着小路的边缘绘制小路路

径,如图 4.125 所示。单击鼠标右键,在出现的菜单中选择【创建选区】,设置【羽化半径】为 1,单击【确定】按钮,生成小路选区,如图 4.126 所示。

图 4.125　小路路径　　　　　　　　　　图 4.126　小路选区

⑪使用【移动工具】 将小路拖拽至操作窗口,按【Ctrl + T】键将其调大,放在适当的位置,如图 4.127 所示。

⑫按住【Ctrl】键的同时单击小路图层的【图层缩览图】调取小路选区,如图 4.128 所示。然后激活"渐变"图层,按【Delete】键删除,再激活"草地"图层,按【Delete】键删除。使小路和草地自然接合,按【Ctrl + T】键取消选区,效果如图 4.129 所示。

图 4.127　小路的位置　　　　　　　　图 4.128　调出小路选区

图 4.129　小路效果

⑬制作玻璃透明效果。激活"建筑"图层,执行【选择】/【色彩范围】命令,在弹出的"色彩范围"对话框中设置【颜色容差】为 60,然后在图像中的玻璃上单击,再配合使用加、减选区命令进行准确选择,选定玻璃选区,如图 4.130 所示。

⑭打开素材"环境.jpg"文件,按【Ctrl + A】键全选,按【Ctrl + C】键复制,关闭"环境.jpg"文件。回到操作窗口中,执行【编辑】/【选择性粘贴】/【贴入】命令,自动生成新图层,命名为"窗影",将此图层的【不透明度】设置为 50%,效果如图 4.131 所示。

图 4.130　玻璃选区　　　　　　　　　图 4.131　玻璃透明效果

⑮打开素材"远景树.psd"文件,移入图形中。进行复制、移动等处理,合并这些图层,命名为"远景树",再使用虚边橡皮涂抹下面,使衔接处过渡自然,效果如图4.132所示。

图4.132　远景树效果

⑯打开素材"冬青.psd"文件,用移动工具拖至文件中,复制,用橡皮擦涂抹,然后将复制修改后的这些图层合并为一个图层,命名为"冬青",如图4.133所示。

图4.133　冬青树

⑰打开素材"活动区01.psd"文件,拖至图像中,命名为"活动区"。调整位置,使用【变换】命令改变其形状,效果如图4.134所示。

⑱打开素材"槭树01.psd""黄杨.psd""大树.psd""树01.psd""树球01.psd""灌木球.psd""树池坐椅.psd""树07.psd""石头02.psd"文件,拖至图像中,分别执行复制、变换、调整位置、制作阴影等操作,效果如图4.135所示。

图4.134　添加活动区　　　　　图4.135　添加树木及石头效果

⑲打开"地面铺装03.jpg"文件,使用【椭圆选框工具】，选择后移入操作窗口中,执行复制、缩放、移动等操作,放于适当的位置,效果如图4.136所示。

⑳打开"人物01.psd""人物02.jpg""人群.psd""人物03.psd"文件,拖至图像中,分别执行复制、变换、调整位置、制作阴影、橡皮擦涂抹等操作,效果如图4.137所示。

图4.136　添加石块路效果　　　　图4.137　添加人物效果

㉑打开"路灯03.psd""地灯.psd"文件,拖至图像中,执行复制、变换、调整位置、制作阴影

等操作,效果如图 4.138 所示。

图 4.138　添加路灯和地灯的效果

㉒合并所有的图层,然后按【Ctrl + M】键,【曲线】设置如图 4.139 所示。按【Ctrl + B】键,【色彩平衡】设置如图 4.140 所示。最终效果如图 4.141 所示。

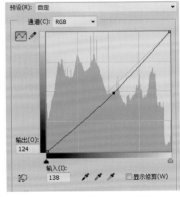

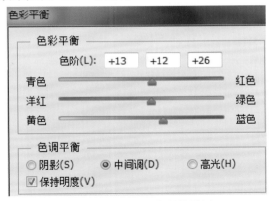

图 4.139　曲线参数设置　　　　　图 4.140　色彩平衡参数设置

图 4.141　最终效果

实战7　特殊效果图后期制作

为了表现设计师的主观意识,更好地体现园林建筑风格,需要表达一种特殊的意境,让人们更深切地了解设计师对园林建筑项目的设计思想,以使那些对常规表现方法不是很满意的甲方眼前豁然一亮,这就是特殊效果图。通常特殊效果图大至分为两类:一类是为表现某种场景而制作的效果图,如黄昏、夜景、雨景、雪景、雾天等特殊天气状况;一类是为了展示建筑物的特点,通过夸张的色彩、夸张的造型等内容来表现效果图。

实战7.1　黄昏效果图后期制作

①执行【文件】/【打开】命令,打开前面制作的别墅环境效果图,即"随书光盘/素材/第4章素材/黄昏效果图/别墅.psd"文件(提示:制作这个效果图下面用到的所有素材均在"黄昏效果图"文件夹中),如图4.142所示。

②按住【Ctrl】键的同时单击"水面"图层的【图层蒙版缩略图】,调出水面选区,然后执行【选择】/【存储选区】命令,在【存储选区】对话框中的【名称】后面输入"水面",单击【确定】按钮,以备后用。

③合并整理图层。隐藏"背景"层,然后单击图层面版右上角的 ▼冨 按钮,从中选择【合并可见图层】,将合并后的图层命名为"主体"。

④将"主体"图层拖动到【图层】面板底部的【创建新图层】 ▣ 按钮上两次,将该图层复制两个,修改复制的图层名字分别为"主体1"和"主体2",如图4.143所示。

图4.142　打开的文件

图4.143　复制图层并命名

⑤激活"主体2"图层,单击【图像】/【调整】/【照片滤镜】命令,在打开的【照片滤镜】对话框中设置颜色为橘黄色(#ec8a00),【浓度】为100%,如图4.144所示。单击【确定】按钮,图像效果如图4.145所示。

图4.144　参数设置

图4.145　照片滤镜效果

⑥单击【图像】/【调整】/【亮度/对比度】命令,在"亮度/对比度"对话框中,设置亮度为-25,对比度为30,如图4.146所示。单击【确定】按钮,图像效果如图4.147所示。

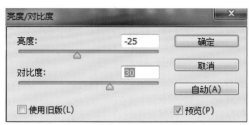 

图4.146　参数设置　　　　　　　图4.147　图像效果

⑦隐藏"主体1"和"主体2"图层,激活"主体"图层,执行【图像】/【调整】/【匹配颜色】命令,打开【匹配颜色】对话框,在【源】下拉列表框中选择原始图【别墅】,在【图层】下拉列表框中选择【主体2】,其他参数设置如图4.148所示。单击【确定】按钮,图像效果如图4.149所示。

⑧取消"主体1"和"主体2"图层的隐藏,选择"主体2"图层,单击面板底部的【添加图层蒙版】按钮,为"主体2"添加图层蒙版,此时【图层】面板如图4.150所示。

图4.148　匹配颜色参数设　　　图4.149　图像效果　　　图4.150　图层面板

置⑨单击【渐变工具】按钮,设置渐变颜色由白色到黑色,在其属性栏中设置参数,如图4.151所示。

图4.151　渐变属性设置

⑩设置完成后,将鼠标指针移至图像窗口,按下鼠标,垂直向下拖动,松开鼠标后,图像即被填充渐变,图像效果如图4.152所示。

⑪在【图层】面板中,将"主体2"及其蒙版,向下拖动到"主体1"图层的下方,修改"主体2"图层的混合模式为【滤色】,修改"主体1"图层的【不透明度】为10%,效果如图4.153所示。

⑫选择"主体2"图层,单击【图像】/【调整】/【亮度/对比度】命令,设置亮度为-75,对比度为72,单击【确定】按钮,效果如图4.154所示。

图 4.152   渐变效果

图 4.153   图像效果

图 4.154   图像效果

⑬合并"主体 1""主体 2"和"主体"3 个图层,完成主体图层的制作。

⑭取消"背景"图层的隐藏,把"背景"图层复制两个,分别命名为"背景 1"和"背景 2",使用与上面"⑤~⑬"步骤相同的方法调整背景的色彩,完成后把 3 个图层合并,统一命名为"背景",图像效果如图 4.155 所示。

⑮打开素材"天空 01.jpg"文件,拖动至文本窗口中,命名为"天空"。按【Ctrl + T】键改变其大小,如图 4.156 所示。

⑯把"天空"图层放到"背景"层的下面,修改"背景"层的混合模式为【强光】,如图 4.157 所示。

图 4.155   图像效果

图 4.156   加入天空图层

图 4.157   图层混合效果

⑰执行【选择】/【载入选区】,在【载入选区】对话框的【通道】下面选择前面存储过的"水面",单击【确定】按钮,将水面选区调出。

⑱再次打开素材"天空 01.jpg"文件,做矩形选区,如图 4.158 所示。

⑲按【Ctrl + C】键,关闭这个文件。执行【编辑】/【选择性粘贴】/【贴入】命令,命名为"水面",将此图层放在"主体"图层的上面,如图 4.159 所示。

图 4.158   矩形选区

图 4.159   贴入

⑳执行【编辑】/【变换】/【垂直翻转】,然后按【Ctrl + T】键调整大小,如图 4.160 所示。

图4.160　调整大小

㉑按【回车】键确认,修改"水面"图层的混合模式为【柔光】,合并所有图层,完成黄昏效果图的制作。最终效果如图4.161所示。

图4.161　最终效果

实战7.2　夜景效果图后期制作

①执行【文件】/【打开】命令,打开前面制作的别墅环境效果图,即"随书光盘/素材/第4章素材/夜景效果图/别墅.psd"文件(提示:制作这个效果图下面用到的所有素材均在"夜景效果图"文件夹中),如图4.162所示。

②合并整理图层。除了"路灯"图层、"建筑水中倒影"图层、"水面"图层、"建筑"图层和"背景"图层以外,把其他的图层均合并,建筑前面的图层合并命名为"前景",建筑后面的图层和"草地"图层合并命名为"地面",图层面板如图4.163所示。

图 4.162　打开的文件

图 4.163　图层面板

③激活"建筑"图层,执行【滤镜】/【渲染】/【光照效果】命令,设置参数如图 4.164 所示,点光源点的位置如图 4.165 所示。按"回车"键确认,建筑变暗。

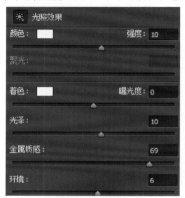

图 4.164　参数设置

图 4.165　点光源的位置

提示： 在 Photoshop 中把亮的图像调暗的方法除了使用【光照效果】滤镜之外,还可以使用图像菜单中的调整命令,如【亮度/对比度】【曲线】【色阶】等。这里使用【光照效果】滤镜的原因在于按【Ctrl＋F】快捷键可以将其他的图层快速调暗。【Ctrl＋F】快捷键是重复使用上一次设置的滤镜。

④分别选择其他图层,按【Ctrl＋F】快捷键将其调暗,不满意的地方可以按多次【Ctrl＋F】快捷键,加强滤镜效果,效果如图 4.166 所示。

⑤观察发现,建筑有点亮。激活"建筑"图层,执行【图像】/【调整】/【曲线】命令,在打开的【曲线】对话框中设置【输出】为 97,【输入】为 134,单击【确定】按钮,效果如图 4.167 所示。

⑥制作天空。打开素材"天空和水面 01. jpg"文件,拖至文本窗口中,处理这个图片,首先使用【矩形选框工具】■,如图 4.168 所示,按【Delete】键删除,然后按【Ctrl＋T】键调整大小,如图 4.169 所示。

图 4.166　加强滤镜效果

图 4.167　【曲线】后的建筑效果

图 4.168　框选图片

⑦复制这个图片,位置如图 4.170 所示。然后使用虚边橡皮涂抹两个图片接合处,使之过渡自然,如图 4.171 所示。合并这两个图层,命名为"天空"。

图 4.169　调整大小

图 4.170　复制图片的位置

图 4.171　图片自然接合

⑧单击【仿制图章工具】按钮，设置其【硬度】为 0,大小视实际情况而定,按住【Alt】键,处理左侧月亮周边的云彩,如图 4.172 所示。

⑨使用【椭圆选框工具】，框选左侧月亮,如图 4.173 所示。

⑩按【Ctrl + C】键复制,再按【Ctrl + V】键粘贴,命名为"月亮"。按【Ctrl + T】键变换大小,移动至合适的位置,如图 4.174 所示。

图 4.172　处理云彩

图 4.173　框选月亮

图 4.174　移动月亮

⑪确认"月亮"图层是当前图层,做圆形选区,如图 4.175 所示。

⑫执行【选择】/【修改】/【羽化】命令,设计【羽化半径】为 100,执行【选择】/【反向】,按【Delete】键删除,然后取消选区,用【橡皮擦工具】涂掉周围多余的部分,调整大小,效果如图 4.176 所示。

⑬激活"天空"图层,对左边的月亮做矩形选区,如图 4.177 所示。

图 4.175　圆形选区

图 4.176　调整月亮的大小

图 4.177　矩形选区

⑭执行【编辑】/【填充】命令,出现【填充】对话框,在【使用】下拉框中选择【内容识别】,单击【确定】按钮,效果如图4.178所示。

⑮使用相同的方法去掉右边的月亮,效果如图4.179所示。

⑯把"天空"图层和"月亮"图层分别下移至"背景"图层的上方,效果如图4.180所示。

图4.178　清除左边的月亮　　　图4.179　清除右边的月亮　　　图4.180　移动图层后的效果

⑰再次打开"天空和水面01.jpg"文件,对水面做矩形选区,如图4.181所示。

⑱按【Ctrl+C】键复制后,关闭这个文件。回到操作窗口按住【Ctrl】键的同时单击"水面"图层的【图层蒙版缩览图】调出水面选区,执行【编辑】/【选择性粘贴】/【贴入】命令,将其命名为"水面",同时删除原来的水面。使用和处理天空相类似的方法处理水面、调整大小和位置。同时再调整一下天空图层,使云朵露出来,效果如图4.182所示。

⑲单击【钢笔工具】按钮🖊,按照窗的形状绘制路径,如图4.183所示。

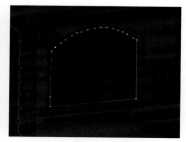

图4.181　矩形选区　　　　　图4.182　天空和水面　　　　　图4.183　钢笔路径

⑳单击鼠标右键,建立选区,设置【羽化半径】为0,新建一个名为"窗灯光01"的图层,填充黄色(#f9eb05),修改此图层的混合模式为【亮光】,效果如图4.184所示。

㉑用相同的方法制作其他窗口的灯光,一共11个,效果如图4.185所示。

㉒按【Ctrl+E】键,向下合并,将这11个"窗灯光"图层和"建筑"图层合并,重新命名为"建筑"。复制"建筑"图层,命名为"建筑水中倒影"(删除原来的"建筑水中倒影"图层),将其垂直翻转,按【Ctrl+T】键,在垂直方向变短,如图4.186所示。

图4.184　窗内灯光　　　　　图4.185　其他窗口灯光效果　　　图4.186　垂直翻转建筑

㉓按【回车】键确认。按住【Ctrl】键的同时单击"水面"图层的【图层蒙版缩览图】,调出水面选区,按【Shift + Ctrl + I】快捷键反选,确认"建筑水中倒影"图层置于当前,按【Delete】键删除,并修改此图层的属性为【滤色】,按【Ctrl + D】键取消选区。执行【滤镜】/【滤镜库】/【海洋波纹】,设置【波纹大小】和【波纹幅度】均为3,效果如图4.187所示。

㉔制作路灯效果。按住【Ctrl】键的同时单击"路灯"图层的【图层缩览图】,调出路灯选区,使用任一选区工具配合【Alt】键进行减选区操作,只留下发光灯体部分选区,如图4.188所示。

㉕执行【选择】/【修改】/【扩展】命令,设置【扩展量】为1,单击【确定】按钮;再执行【选择】/【修改】/【平滑】命令,设置【取样半径】为2,效果如图4.189所示。

  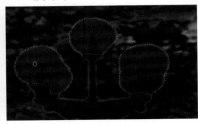

图4.187　建筑水中倒影效果　　　　图4.188　　灯体选区　　　　　图4.189　　修改选区

㉖执行【选择】/【修改】/【羽化】命令,设置【羽化半径】为10。新建一个图层,命名为"灯光",填充白色,效果如图4.190所示。

㉗按【Ctrl + D】键取消选区,修改"灯光"图层的混合模式为【颜色减淡】、【填充】为90%,效果如图4.191所示。

㉘按住【Alt】键使用【移动工具】 将灯光复制到另一个路灯处,并调整大小,修改它的图层混合模式为【正常】,再复制一个制作水中倒影,效果如图4.192所示。

图4.190　白色灯光　　图4.191　路灯灯光效果　　图4.192　另一个路灯光及水中倒影

㉙制作路灯光晕效果。在路灯下面绘制椭圆形选区,如图4.193所示。按【Shift + F6】快捷键,设置羽化半径为20。

㉚新建一个图层,命名为"光晕",填充白色,去掉选区。修改"光晕"图层的混合模式为【线性光】【填充】为30%,效果如图4.194所示。

㉛按【Ctrl + T】键调整光晕的大小,如图4.195所示。

图4.193　椭圆选区　　　　图4.194　填充光晕　　　图4.195　调整光晕大小

㉜按住【Ctrl】键单击"路灯"图层的【图层缩览图】,调出路灯选区,确认"光晕"图层置为当前,按【Delete】删除选区内的光晕,效果如图 4.196 所示。

㉝将光晕复制一个,缩小放在另一个路灯下。把左侧路灯光晕图层的【填充】值修改为 10%,右边的修改为 80%,效果如图 4.197 所示。

图 4.196　删除路灯杆上的光晕　　　　　图 4.197　复制光晕

㉞观察发现,建筑看起来太黑了。激活"建筑"图层,执行【图像】/【调整】/【亮度/对比度】命令,设置【亮度】值为 60,单击【确定】按钮;再把建筑水中倒影图层的【亮度】值也设置为 60。最终效果如图 4.198 所示。单击图层面板右上角的 按钮,从中选择【拼合图像】,合并所有的图层。完成。

图 4.198　最终效果

实战 7.3　雨景效果图后期制作

①执行【文件】/【打开】命令,打开"随书光盘/素材/第 4 章素材/雨景效果图后期制作/别墅效果图.psd"文件(提示:制作这个效果图下面用到的所有素材均在此文件夹中),如图 4.199 所示。

②整理图层。删除"光线"和"人物"图层。单击"背景"层前面的"眼睛"图标 将其隐藏,然后单击图层面板右上角的 按钮,选择【合并可见图层】,命名为"图层 1",如图 4.200 所示。

图 4.199 **打开的文件**

图 4.200 **隐藏并整理图层**

③激活"图层 1",按【Ctrl + U】键,打开【色相/饱和度】对话框,设置【饱和度】为 −36;执行【图像】/【调整】/【亮度/对比度】命令,设置参数如图 4.201 所示;按【Ctrl + L】键,打开【色阶】对话框,设置参数如图 4.202 所示,使图像变暗。

图 4.201 **参数设置**

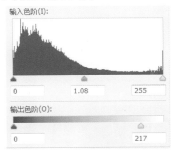

图 4.202 **参数设置**

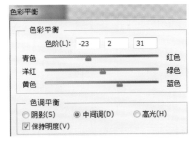

图 4.203 **【中间调】参数**

④继续调整图层 1 的颜色。按【Ctrl + B】键,打开【色彩平衡】对话框,调整【中间调】和【高光】参数如图 4.203 和图 4.204 所示。使之与天空颜色相协调,接近蓝绿色,取消"背景"图层的隐藏,效果如图 4.205 所示。

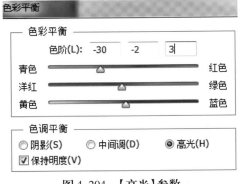

图 4.204 **【高光】参数**

图 4.205 **图像效果**

⑤处理"背景"图层。激活"背景"层,单击【仿制图章工具】按钮，按住【Alt】键取样右侧蓝色天空将左侧的云彩处理掉,如图 4.206 所示。然后按【Ctrl + U】键,打开【色相/饱和度】对话框,设置【饱和度】为 −50;按【Ctrl + L】键,打开【色阶】对话框,设置参数如图 4.207 所示。出现阴天效果,如图 4.208 所示。

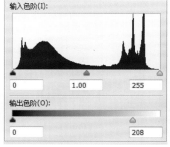

图 4.206　去掉云彩　　　　　图 4.207　参数设置　　　　　图 4.208　阴天效果

⑥制作雨点。激活图层 1,按【Ctrl + E】键将其合并到背景层中。新建一个图层,命名为"雨点",填充白色。执行【滤镜】/【像素化】/【点状化】命令,设置【单元格大小】为 8,单击【确定】按钮;执行【图像】/【调整】/【阈值】命令,设置【阈值色阶】为 255,单击【确定】按钮;将"雨点"图层的【不透明度】更改为 50%,图层混合模式更改为【滤色】,效果如图 4.209 所示。

⑦执行【滤镜】/【模糊】/【动感模糊】命令,设置参数如图 4.210 所示。

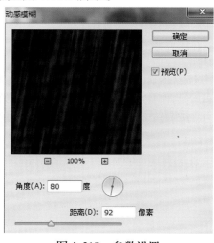

图 4.209　图像效果　　　　　　　　　　　　图 4.210　参数设置

⑧将"雨点"图层复制一个,合并为一个图层,形成雨点更强的效果,如图 4.211 所示。

⑨添加水面雾气。新建一个图层,命名为"雾气"。设置前景色为浅蓝色(#c6e5f9),选择边缘过度柔和的笔刷,设置其【不透明度】为 30% 左右,在水面的边缘涂抹绘画,如图 4.212 所示。

⑩执行【滤镜】/【模糊】/【高斯模糊】命令,设置【半径】为 40,按【Ctrl + F】键两次,强化高斯模糊效果,效果如图 4.213 所示。

图 4.211　雨点更强的效果　　　　图 4.212　画笔涂抹　　　　图 4.213　水面雾气效果

⑪添加人物。打开素材"人物.psd"文件,移入操作窗口中,命名为"人物"。执行【编辑】/

【变换】/【水平翻转】命令,将"人物"图层放在"雨点"图层的下面,雨景最终效果如图 4.214 所示。

图 4.214　最终效果

实战 7.4　别墅雪景效果图后期制作

透视效果图犹如一幅风景画,美丽、逼真,具有浓厚的艺术氛围。用来表达这种效果的主要方法就是制作配景。处理渲染图的色彩很重要,是一种比较难掌握的技能,不仅需要具备熟练的软件操作技能,还需要有一定的美术基础和艺术欣赏水平。本例通过"别墅雪景透视效果图"的制作,来掌握透视效果图的制流程和技巧。

①执行【文件】/【打开】命令,打开"随书光盘/素材/第 4 章素材/雪景效果图后期制作/建筑. psd"文件(提示:制作这个效果图下面用到的所有素材均在此文件夹中),如图 4.215 所示。

②执行【图像】/【画布大小】命令,在【画布大小】对话框中设置参数和定位,如图 4.216 所示。

图 4.215　打开的文件

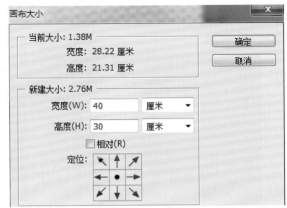

图 4.216　设置画布大小

③按【Ctrl + T】键将"建筑"适当缩小,移至中心位置,命名此图层为"建筑"。执行【图像】/【调整】/【亮度/对比度】命令,设置【亮度】为 − 36,【对比度】为 20。执行【图像】/【图像大小】命令,设置参数如图 4.217 所示。此时图像状态如图 4.218 所示。

④打开"雪景 05. jpg"文件,单击【移动工具】按钮➕,将其拖到图形中,命名该图层为"背景",用【自由变换】命令将其缩放至合适的大小并将此图层拖到"建筑"图层的下面,效果如图4.219 所示。

图4.217   设置图像大小   图4.218   图像效果   图4.219   添加背景

⑤打开"雪 02. jpg"文件,将其拖到图形中,命名为"地面",缩放大小,拖到"背景"图层的下面,效果如图 4.220 所示。

⑥打开"小路 06. jpg"文件,如图 4.221 所示。单击【钢笔工具】按钮✐,绘制如图 4.222 所示的路径。

图4.220   拖入地面   图4.221   打开的文件   图4.222   小路路径

⑦单击鼠标右键,在出现的级联菜单中选择【建立选区】选项,同时设置【羽化半径】为 1,生成选区如图 4.223 所示。

⑧单击【移动工具】按钮➕,将小路拖拽到图形中,如图 4.224 所示。按【Ctrl + T】键自由变换其大小,按【Enter】键完成操作,效果如图 4.225 所示。

图4.223   小路选区   图4.224   拖拽小路到图形中

⑨制作车库门前的道路。单击【多边形套索工具】按钮✣,在车库门前绘制道路选区,如图 4.226 所示。

图4.225 变换大小并确认

⑩打开"小路02.jpg"文件,单击【矩形选框工具】按钮，绘制矩形选区,如图4.227所示。按【Ctrl+C】键复制后关闭此文件。

⑪执行【编辑】/【选择性粘贴】/【贴入】命令,命名贴入的图层为"道路"。按【Ctrl+T】键变换其大小,使用和前面相同的方法删除道路下面的雪,效果如图4.228所示。按【Ctrl+D】键取消选区。

图4.226 道路选区   图4.227 矩形选区   图4.228 贴入道路并调整大小

⑫打开素材"栅栏01.psd"文件,将其拖至操作窗口中,命名为"栅栏"。执行复制、移动、变换等命令,放在适当的位置,效果如图4.229所示。

图4.229 栅栏的位置

⑬打开素材"tree08.psd"文件,拖至操作窗口中,执行复制、移动、变换等命令,放在栅栏前面,合并为一个图层,命名为"矮树",如图4.230所示。

图4.230 添加矮树的效果

⑭制作矮树上面的积雪。设置前景色为白色,单击【画笔工具】按钮，新建一个图层,命名为"矮树上的雪",在矮树上涂抹,制作出白雪覆盖的样子,如图4.231所示。为了使树上的雪看起来逼真自然,执行【滤镜】/【模糊】/【高斯模糊】命令,设置高斯模糊半径为16,效果如图4.232所示。

图 4.231　画笔涂抹

图 4.232　矮树上的积雪效果

⑮添加路灯。打开素材"路灯 01. psd"文件,拖至图像中,分别执行复制、变换、调整位置、制作阴影等操作,效果如图 4.233 所示。

⑯添加树木。打开素材"松树. psd""tree03. psd""树球. psd""树 01. psd"文件,拖至图像中,分别执行复制、变换、调整位置、制作阴影等操作。为了使整体颜色协调一致,把移进来的"树球"和"松树"图层执行【图像】/【调整】/【黑白】操作,效果如图 4.234 所示。

图 4.233　添加路灯效果

图 4.234　添加树木的效果

⑰添加整体树影。打开素材"树影. psd""树影 01. psd"文件,将其拖至图像中,分别执行复制、变换、调整位置等操作,合并为一个图层,命名为"树影",修改图层的【不透明度】为 50%,效果如图 4.235 所示。

图 4.235　树影效果

⑱制作窗玻璃反射。激活"建筑"图层,单击【矩形选框工具】按钮，选择玻璃,配合使用【Shift】键、【Alt】键加减选区,选择的玻璃选区如图 4.236 所示。

⑲仍然在【矩形选框工具】操作命令下,将鼠标移至选区空白处移动选区到背景树木的位置,如图 4.237 所示。

图 4.236　玻璃选区　　　　　　　　　　　图 4.237　移动选区

⑳激活"背景"图层，按【Ctrl + C】键复制，再按【Ctrl + V】键粘贴，命名粘贴图层为"玻璃影"，然后单击【移动工具】按钮，将"玻璃影"图层移动到窗户的位置，同时修改此图层的【不透明度】为 50%，效果如图 4.238 所示。

㉑制作房顶积雪效果。单击【多边形套索工具】配合使用【Shift】键添加选区将深色房顶全部选中，如图 4.239 所示。

图 4.238　玻璃反射效果　　　　　　　　　图 4.239　房顶选区

㉒执行【选择】/【修改】/【收缩】命令，将选区收缩 15 像素，新建一个图层，命名为"房顶雪"，填充白色两次。执行【选择】/【修改】/【边界】命令，扩展边界 10 像素；执行【选择】/【修改】/【羽化】命令，设置【羽化半径】为 6 像素，然后再填充白色两次，取消选区；修改"房顶雪"的图层混合模式为【排除】；边缘处使用【涂抹工具】按钮涂抹，使之状态自然，效果如图4.240所示。

图 4.240　房顶雪效果

㉓制作建筑阴影。单击【多边形套索工具】按钮，在建筑的右侧绘制建筑阴影选区，如图 4.241 所示。新建一个图层，命名为"建筑阴影"，填充黑色，修改图层的【不透明度】为 50%，取消选区，效果如图 4.242 所示。

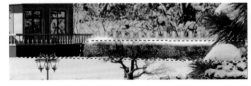

图 4.241　建筑阴影选区　　　　　　　　　图 4.242　建筑阴影

㉔添加人物、汽车和狗。打开素材"人物.jpg""汽车.jpg"和"狗.jpg"文件,分别用【矩形选框工具】▣选择后,使用【移动工具】▸┿移至操作窗口中,使用虚边橡皮擦工具扣图,并制作阴影,效果如图4.243所示。

㉕制作小路上的雪。按住【Ctrl】键的同时单击"小路"图层的【图层缩览图】,调出小路选区,新建一个图层命名为"小路上的雪"。填充白色,同时修改图层混合模式为【柔光】,取消选区,最终效果如图4.244所示。

图4.243　添加人物、汽车和狗

图4.244　最终效果

实战7.5　水墨画风格效果图后期制作

①执行【文件】/【打开】命令,打开"随书光盘/素材/第4章素材/水墨画风格效果图/原图.jpg"文件,如图4.245所示。

②复制背景层并命名为"图层1",执行【图像】/【调整】/【去色】命令,如图4.246所示。

③执行【滤镜】/【模糊】/【特殊模糊】命令,设置参数如图4.27所示。

图4.245　打开的文件

图4.246　去色后

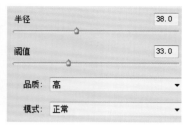

图4.247　参数设置

④单击【确定】按钮,图像中色调被压缩,并保留重要转折边界,特殊模糊效果如图4.248所示。

⑤复制"图层1"生成"图层1副本",将"图层1副本"的图层混合模式修改为【变暗】,如图4.249所示。

⑥执行【滤镜】/【模糊】/【高斯模糊】命令,设置参数如图4.250所示。

图4.248　特殊模糊效果

图4.249　复制图层

图4.250　参数设置

⑦单击【确定】按钮,图像效果如图4.251所示。

⑧执行【滤镜】/【滤镜库】/【艺术效果】/【水彩】命令,设置参数如图4.252所示。

图4.251　高斯模糊图像效果

图4.252　水彩参数设置

⑨应用水彩滤镜后,图像中的墨色太浓,需要减退,执行【编辑】/【渐隐滤镜库】命令,设置参数如图4.253所示。

⑩单击【图层】面板下方的【创建新的填充和调整图层】按钮 ，,在弹出的菜单中执行【曲线】命令,设置参数如图4.254所示。

⑪继续单击【图层】面板下方的【创建新的填充和调整图层】按钮 ，,在弹出的菜单中执行【色彩平衡】命令,设置参数如图4.255所示。画面最终效果如图4.256所示。

图4.253　参数设置

图4.254　曲线参数设置

图4.255　色彩平衡参数设置

图 4.256　最终效果

实战 8　手绘透视效果图制作

①执行【文件】/【打开】命令,打开"随书光盘/素材/第 4 章素材/手绘透视效果图/线稿.jpg"文件(提示:制作这个效果图下面用到的所有素材均在此文件夹中),如图 4.257 所示。更改背景层名称为"线稿"。

②使用【魔棒工具】 ，将天空部分选取,注意多选的部分要灵活运用选择工具减选掉,如图 4.258 所示。

图 4.257　打开的文件

图 4.258　天空选区

③新建一个图层,命名为"天空",设置前景色为#72adca,背景色为#bfe6f9,进行线性渐变,取消选区,效果如图 4.259 所示。

④激活"线稿"图层,使用【魔棒工具】 ，选择水面部分,新建一个图层,命名为"水面",进行径向渐变,并设置"水面"图层的混合模式为【正片叠底】,效果如图 4.260 所示。

图 4.259　渐变天空

图 4.260　渐变水面

⑤接下来对所有的部分进行着色,注意选区的选择。使用【矩形选框工具】▣建立如图 4.261 所示的选区。

⑥新建一个图层,命名为"高层建筑"。设置前景色为#e4e4d8,按【Alt + Delete】键填充,取消选区。然后按住【Ctrl】键的同时单击"天空"图层缩览图,载入天空选区,按【Delete】键删除选区内的填充色,得到建筑效果外形,如图 4.262 所示。设置"建筑"图层的混合模式为【正片叠底】,效果如图 4.263 所示。

图 4.261　建立选区

图 4.262　建筑外形

⑦使用【多边形套索工具】▨做远山部分的选区,如图 4.264 所示。

图 4.263　正片叠底

图 4.264　远山选区

⑧新建一个图层,命名为"远山",设置前景色为#4d7f4a,按【Alt + Delete】键填充,然后取消选区,设置图层的混合模式为【正片叠底】,效果如图 4.265 所示。

⑨下面以相同的方法陆续做出"草地""人行路""建筑群""木质路""道路"部分的填充,填充颜色分别为#89a53e、#d58658、#e6cab6、#40291a、#75706e,整个画面着色效果如图 4.266 所示。

⑩对配景做细化处理。打开素材"手绘人物 01.psd"和"手绘人物 02.psd"文件,将人物移动到当前操作窗口,把线稿上多余的人物可用【修补工具】▨除去,效果如图 4.267 所示。

图 4.265　远山

图 4.266　整个画面着色

图 4.267　添加人物

⑪制作云彩效果。设置前景色为白色,设置画笔的【不透明度】为50%,在新建的"云彩"图层上绘制如图 4.268 所示的形状。

图 4.268　绘制形状

⑫执行【滤镜】/【模糊】/【高斯模糊】命令,设置【半径】为 110 像素,效果如图 4.269 所示。

⑬打开素材"树 03. psd""挂角树 05. psd"文件,注意调整树的颜色和画面协调一致,树木种植效果如图 4.270 所示。

图 4.269　云彩效果　　　　　　　　图 4.270　种植树木效果

⑭打开素材"路灯. psd"文件,将路灯移动到当前操作窗口,把线稿上的路灯用【修补工具】除去,效果如图 4.271 所示。

⑮打开素材"手绘草地. psd"文件,按【Ctrl + A】键全选,再按【Ctrl + C】键复制,关闭此文件。回到操作窗口,按住【Ctrl】键的同时单击"草地"和"远山"图层的缩览图,调出草地选区,执行【编辑】/【选择性粘贴】/【贴入】命令,生成修改后的草地图层,调整大小后,效果如图 4.272 所示。

⑯添加影子。打开素材"影子 01. jpg""影子 02. jpg"文件,移入操作窗口,复制、变换大小,设置图层混合模式为【强光】,图层的【不透明度】为 50%,用橡皮擦工具擦除边缘生硬部分,效果如图 4.273 所示。

图 4.271　添加路灯　　　　　图 4.272　添加草地　　　　　图 4.273　添加影子

⑰添加倒影。将云彩、建筑以及岸边所有会产生水中倒影的部分制作出倒影。路灯部分的倒影设置图层混合模式为【柔光】,其他部分的倒影执行【滤镜】/【模糊】/【动感模糊】命令,最终效果如图 4.274 所示。

图 4.274　最终效果

附录 Photoshop CS6快捷键总览

（1）工具快捷键

快捷键	工具	快捷键	工具	快捷键	工具	快捷键	工具
A	直接选择工具	H	抓手工具	O	减淡/加深/海绵工具	V	移动工具
B	画笔工具	I	吸管工具	P	钢笔工具	W	魔棒工具
C	裁切工具	J	修复工具	Q	进入快速蒙版快速	X	交换前/背景色
D	转换前/背景色为默认颜色	K	3D 旋转工具	R	旋转视图工具	Y	历史记录画笔工具
E	橡皮擦工具	L	套索工具	S	图章工具	Z	缩放工具
F	满屏显示切换	M	选框工具	T	文字工具		
G	渐变/油漆桶工具	N	3D 环绕工具	U	形状工具		

（2）选择和移动时使用的快捷键

快捷键	功能	快捷键	功能
任一选择工具 + 空格键 + 拖动	选择时移动选择区域的位置	Shift + 拖动	限制选择为方形或圆形
任一选择工具 + Shift + 拖动	在当前选区添加选区	Alt + 拖动	以某一点为中心开始绘制选区
任一选择工具 + Alt + 拖动	从当前选区减去选区	Ctrl	临时切换至移动工具 ▶⊕
任一选择工具 + Shift + Alt + 拖动	交叉当前选区	Alt + 单击	从 ℓ 工具临时切换至 ℘ 工具

续表

快捷键	功能	快捷键	功能
Alt + 拖动	从 ⬚工具临时 切换至 ⬚工具	⬚ + Alt + 拖动选区	移动复制选区图像
Alt + 拖动	从 ⬚工具临时 切换至 ⬚工具	Ctrl + →、←、↓、→	每次移动图层一个像素
Alt + 单击	从 ⬚工具临时 切换至 ⬚工具	Shift + 拖动参考线	将参考线紧贴 标尺刻度
任一选择工具 + →、←、↓、↑	每次移动选区一个像素	Alt + 拖动参考线	将参考线更改 为水平或垂直

（3）面板显示常用快捷键

快捷键	工具	快捷键	工具
F1	打开帮助	F7	隐藏/显示图层面板
F2	剪切	F8	隐藏/显示信息面板
F3	复制	F9	隐藏/显示动作面板
F4	粘贴	Tab	隐藏/显示所有面板
F5	隐藏/显示画笔面板	Shift + Tab	隐藏/显示工具箱以外的面板
F6	隐藏/显示颜色面板		

（4）编辑路径时所使用的快捷键

快捷键	功能	快捷键	功能
⬚ + Shift + 单击	选择多个锚点	Alt	从 ⬚切换至 ⬚ +
⬚ + Alt + 单击	选择整个路径	Alt + Ctrl	指针在锚点或方向点 上时从 ⬚切换至 ⬚
⬚ + Alt + Ctrl + 拖动	复制路径	任一钢笔工具 + Ctrl + Enter 键	将路径转换为选区
Shift + Alt + Ctrl + T	重复变换复制路径	Shift + Tab	隐藏/显示工具箱 以外的面板
Ctrl	从任一钢笔工具 切换至 ⬚		

（5）菜单命令快捷键

菜单	快捷键	功能
文件菜单	Ctrl + N	打开"新建"对话框,新建一个图像文件
	Ctrl + O	打开"打开"对话框,打开一个或多个图像文件
	Shift + Alt + Ctrl + O	打开"打开为"对话框,以指定格式打开图像
	Ctrl + Alt + O	打开 Bridge
	Ctrl + W 或 Alt + F4	关闭当前图像文件
	Ctrl + Alt + W	关闭全部
	Ctrl + Shift + W	关闭并转移到 Bridge
	Ctrl + S	保存当前图像文件
	Ctrl + Shift + O	打开 Bridge 浏览图像
	Ctrl + Shift + S	打开"另存为"对话框保存图像
	Shift + Alt + Ctrl + S	将图像保存为网页
	Shift + Ctrl + P	打开"页面设置"对话框
	Ctrl + P	打开"打印"对话框,预览和设置打印参数
	Shift + Alt + Ctrl + P	打印复制
	F12	恢复图像到最近保存的状态
	Alt + F4 或 Ctrl + Q	退出 Photoshop 程序
编辑菜单	Ctrl + K	打开"首选项"对话框,设置 Photoshop 操作环境
	Ctrl + Z	还原和重做上一次的编辑操作
	Ctrl + Shift + Z	还原前一次的操作
	Ctrl + Alt + Z	重做后一次的操作
	Ctrl + Shift + F	渐隐
	Ctrl + X	剪切图像
	Ctrl + C	复制图像
	Ctrl + Shift + C	合并复制所有图层中的图像内容
	Ctrl + V 或 F4	粘贴图像
	Ctrl + Shift + V	粘贴图像到选择区域
	Delete	清除选取范围内的图像
	Shift + F5	打开"填充"对话框
	Alt + Delete	用前景色填充图像或选取范围
	Ctrl + T	自由变换图像
	Ctrl + Shift + T	再次变换

续表

菜单	快捷键	功能
图像	Ctrl + L	打开"色阶"对话框
	Ctrl + Shift + L	执行"自动色调"命令
	Ctrl + Alt + Shift + L	执行"自动对比度"命令
	Ctrl + Shift + B	执行"自动颜色"命令
菜单	Ctrl + M	打开"曲线"对话框
	Ctrl + B	打开"色彩平衡"对话框
	Ctrl + U	打开"色相/饱和度"对话框
	Ctrl + Shift + U	执行"去色"命令
	Ctrl + Alt + Shift + B	打开"黑白"调对话框
	Ctrl + I	执行"反相"命令
	Ctrl + Alt + I	打开"图像大小"对话框
	Ctrl + Alt + C	打开"画布大小"对话框
图层菜单	Ctrl + Shift + N	打开"新建图层"对话框
	Ctrl + J	将当前图层选取范围内的内容复制到新建的图层,若无选区复制图层
	Ctrl + Shift + J	将当前图层选取范围内的内容剪切到新建的图层
	Ctrl + G	新建图层组
	Ctrl + Shift + G	取消图层编组
	Ctrl + Alt + G	创建/释放剪切蒙版
	Ctrl + Shift +]	将当前图层移动到最顶层
	Ctrl +]	将当前图层上移一层
	Ctrl + [	将当前图层下移一层
	Ctrl + Shift + [	将当前图层移动到最底层
	Ctrl + E	将当前图层与下一图层合并(或合并链接图层)
	Ctrl + Shift + E	合并所有可见图层
选择菜单	Ctrl + A	全选
	Ctrl + Alt + A	全选所有图层
	Ctrl + D	取消选择
	Ctrl + Alt + R	打开"调整边缘"对话框
	Ctrl + Shift + D	重复上一次范围选取
	Ctrl + Shift + I 或 Shift + F7	反转当前选取范围
	Shift + F6	打开"羽化"对话框

续表

菜单	快捷键	功能
视图菜单	Ctrl + Y	校样图像颜色
	Ctrl + Shift + Y	色域警告，在图像窗口中以灰色显示不能印刷的颜色
	Ctrl ++	放大图像显示
	Ctrl + –	缩小图像显示
	Ctrl + 0	满画布显示图像
	Ctrl + Alt + 0 或 Ctrl + 1	以实际像素显示图像
	Ctrl + H	显示/隐藏选区蚂蚁线、参考线、路径、网格和切片
	Ctrl + Shift + H	显示/隐藏路径
	Ctrl + R	显示/隐藏标尺
	Ctrl + ;	显示/隐藏参考线
	Ctrl + '	显示/隐藏网格
	Ctrl + Alt + ;	锁定参考线

(6) 图像窗口查看快捷键

快捷键	作用	快捷键	作用
双击工具箱 ✋ 工具或按下 Ctrl + 0	满画布显示图像	Page Down	图像窗口向下滚动一屏
Ctrl ++	放大视图显示	Page Up	图像窗口向上滚动一屏
Ctrl + –	缩小视图显示	Shift + Page Down	图像窗口向下滚动 10 像素
Ctrl + Alt + 0	实际像素显示	Shift + Page Up	图像窗口向上滚动 10 像素
任意工具 + Space 键	切换至抓手工具 ✋，拖拽鼠标可移动图像窗口中的图像	Home	移动图像窗口至左下角
Ctrl + Tab	切换至下一幅图像	End	移动图像窗口至右下角
Ctrl + Shift + Tab	切换至上一幅图像		

(7) 图层面板常用快捷键

快捷键	作用	快捷键	作用
Ctrl + Shift + N	新建图层	Alt + [或]	选择下一个或上一个图层
Alt + Ctrl + G	创建/释放剪贴蒙版	Shift + Alt +]	激活底部顶部图层
Ctrl + E	将当前图层与下一图层合并（或合并链接图层）	设置图层的不透明度	快速输入数字键，例如 5 = 50% , 16 = 16%
Ctrl + Shift + E	合并所有可见图层		

（8）画笔面板常用快捷键

快捷键	作用	快捷键	作用
Alt + 单击画笔	删除画笔	Shift + t + [ ]	加大或减小画笔硬度
[ ]	加大或减小画笔尺寸	< >	循环选择画笔

（9）文字编辑快捷键

快捷键	作用	快捷键	作用
T + Ctrl + Shift + L	将段落左对齐	Shift + 单击	选择插入光标至鼠标单击处之间的所有字符
T + Ctrl + Shift + C	将段落居中	Ctrl + Shift + < >	将所选文字字号减少/增加 2 点
T + Ctrl + Shift + R	将段落右对齐	Ctrl + Alt + Shift + < >	将所选文字字号减少/增加 10 点
Ctrl + A	选择所有字符	Alt + ← →	减少/增加当前插入光标位置的字符间距

（10）绘图快捷键

快捷键	作用	快捷键	作用
任一绘图工具 + Alt	临时切换至吸管工具	Ctrl + Backspace（Del）键	填充背景色
Shift + 🖌	切换至取样工具 🖌	/	打开/关闭"保留透明区域"选项
🖌 + Alt + 单击	删除取样点	绘画工具 + Shift + 单击	连接点与直线
🖌 + Alt + 单击	选择颜色至背景色	🖌 + Alt + 拖移光标	抹历史记录
Alt + Backspace（Del）键	填充前景色		

参考文献

［1］常会宁.园林计算机辅助设计［M］.北京:高等教育出版社,2004.

［2］袁紊玉,李茹菡,吴蓉.3ds max9 + PhotoshopCS2 园林效果图经典案例解析［M］.北京:
电子工业出版社,2007.

［3］美国 Adobe 公司.Adobe Photoshop CS 中文版经典教程［M］.北京:人民邮电出版
社,2008.

［4］李金明,李金荣.中文版 Photoshop CS4 完美自学教程［M］.北京:人民邮电出版
社,2009.

［5］陈志民.中文版 Photoshop CS4 建筑表现技法［M］.北京:机械工业出版社,2012.

［6］王红卫.中文版 Photoshop CS46 案例实战从入门到精通［M］.北京:机械工业出版
社,2012.

［7］艺视觉.Photoshop CS6 宝典［M］.北京:中国青年出版社,2012.

［8］陈志民.中文版 Photoshop CS6 建筑表现技法［M］.北京:机械工业出版社,2013.

［9］唐有明,曲思伟.Photoshop CS6 中文版从新手到高手［M］.北京:清华大学出版
社,2013.